Christian Bauer

Neues Konzept zur Bewegungsanalyse und -synthese für Humanoide Roboter basierend auf Vorbildern aus der Biologie

Schriftenreihe des
Instituts für Angewandte Informatik / Automatisierungstechnik
am Karlsruher Institut für Technologie
Band 48

Eine Übersicht über alle bisher in dieser Schriftenreihe erschienenen Bände
finden Sie am Ende des Buches.

Neues Konzept zur Bewegungsanalyse und -synthese für Humanoide Roboter basierend auf Vorbildern aus der Biologie

von
Christian Bauer

Dissertation, Karlsruher Institut für Technologie (KIT)
Fakultät für Maschinenbau
Tag der mündlichen Prüfung: 18. Dezember 2013
Referent: Prof. Dr.-Ing. Dr. h.c. habil. Georg Bretthauer
Korreferent 1: Prof. Dr.-Ing. Tanja Schultz
Korreferent 2: Prof. Dr.-Ing. habil. Ralf Mikut

Impressum

Karlsruher Institut für Technologie (KIT)
KIT Scientific Publishing
Straße am Forum 2
D-76131 Karlsruhe

KIT Scientific Publishing is a registered trademark of Karlsruhe
Institute of Technology. Reprint using the book cover is not allowed.

www.ksp.kit.edu

Print on Demand 2014

ISSN 1614-5267
ISBN 978-3-7315-0194-7
DOI: 10.5445/KSP/1000039463

Institut für Angewandte Informatik/Automatisierungstechnik

Prof. Dr.-Ing. habil. Georg Bretthauer

Neues Konzept zur Bewegungsanalyse und -synthese für Humanoide Roboter basierend auf Vorbildern aus der Biologie

Zur Erlangung des akademischen Grades

Doktor der Ingenieurwissenschaften

der Fakultät für Maschinenbau

Karlsruher Institut für Technologie (KIT)

genehmigte

Dissertation

von

Dipl.-Inform. Christian Bauer

Tag der mündlichen Prüfung: 18.12.2013

Hauptreferent: Prof. Dr.-Ing. Dr. h.c. habil. Georg Bretthauer

Korreferent 1: Prof. Dr.-Ing. Tanja Schultz

Korreferent 2: Prof. Dr.-Ing. habil. Ralf Mikut

Für Sonja

Danksagung

Die vorliegende Arbeit entstand im Rahmen des Sonderforschungsbereichs 588 der Deutschen Forschungsgemeinschaft (DFG) während meiner Tätigkeit als Wissenschaftlicher Mitarbeiter am Institut für Angewandte Informatik (IAI) des Karlsruher Instituts für Technologie (KIT).

In diesem Zusammenhang möchte ich mich besonders bei Herrn Prof. Dr.-Ing. Dr. h. c. habil. Georg Bretthauer für die Gelegenheit danken, diese Arbeit an seinem Institut ausführen zu dürfen. Ebenso danke ich ihm für die anregenden Diskussionen und Hilfestellungen während der Arbeit.

Frau Prof. Dr.-Ing. Tanja Schultz vom Cognitive Systems Lab (CLS) des KIT danke ich für die Übernahme des Korreferates, die gewissenhafte Korrektur des Manuskripts und die wertvollen Anmerkungen.

Des Weiteren danke ich dem Vorsitzenden des Prüfungsausschusses, Herrn Prof. Dr.-Ing. Peter Gratzfeld vom Institut für Fahrzeugsystemtechnik des KIT, für sein Interesse an der Arbeit und die Übernahme des Prüfungsvorsitzes.

Ganz besonders möchte ich mich bei Herrn Prof. Dr.-Ing. habil. Ralf Mikut für seine Betreuung während der gesamten Zeit meiner Promotion am IAI, seine Geduld und seine Anleitung bedanken. Die vielen Gespräche und Diskussionen sowie seine ehrliche und konstruktive Kritik waren für mich eine wertvolle Stütze und Wegweiser weit über den Rahmen der reinen wissenschaftlichen Arbeit hinaus.

Meinen Kollegen Markus Reischl, Oliver Schill, Sebastian Pfeiffer, Markus Grube, Rüdiger Alshut, Johannes Stegmaier und Arif Khan aus der Arbeitsgruppe von Ralf Mikut am IAI danke ich für die schöne gemeinsame Zeit am Institut, die vielen ideenreichen Gespräche und lustigen Episoden im Leben eines Doktoranden.

Ebenso danke ich allen Studierenden und Wissenschaftlichen Hilfskräften, Branimir Tokic, Yang Chen, Sebastian Braun, Wenjie Yan, Michael Massaad, Bassel Harake, Mona Mors, Mark Engelmann, die ich während meiner Zeit am Institut betreuen durfte, für die gute und anregende Zusammenarbeit.

Herrn Dr.-Ing. Ulrich Gengenbach danke ich für die vielen schönen und langen Gespräche über den Tellerrand hinaus.

In meinem privaten Umfeld danke ich insbesondere meinen Eltern, Alfons und Brigitte Bauer, und meiner Schwester Angelika für ihren Rückhalt und den ununterbrochenen Beistand weit über die Arbeit an dieser Dissertation hinaus. Sie haben überhaupt erst den Grundstein gelegt, der mir diesen Weg eröffnete und diese Arbeit erst möglich gemacht hat.

Mein größter Dank gebührt meiner Freundin Sonja für ihre bedingungslose Unterstützung, ihre Motivation und ihren Zuspruch in den schweren Zeiten. Vor allem aber dafür, dass sie, genau wie meine Eltern und Angelika, auch dann an den Erfolg geglaubt hat, als ich ins Zweifeln geriet.

Ohne sie, und ohne alle zuvor genannten, wäre diese Arbeit nicht möglich gewesen.

Vielen Dank!

Christian Bauer
Karlsruhe, im Dezember 2013

Kurzfassung

Die vorliegende Arbeit hat zum Thema, neue Methoden zur Bewegungsgenerierung für Roboter zu untersuchen. Die Basis für die Untersuchungen bilden Konzepte zur Bewegungsgenerierung in der Biologie. Neben Reflexen werden daher auch zentrale neuronale Mustergeneratoren untersucht. Beide Verfahren legen den Einsatz auf humanoiden Robotern nahe, da Reflexe eine sinnvolle Ergänzung zum Sicherheitskonzept bieten, um schnelle Reaktionen auf unvorhergesehene Störungen zu ermöglichen. Durch die Eigenschaften der zentralen neuronalen Mustergeneratoren (engl. Central Pattern Generators - CPGs) selbstständig zyklische Aktivierungsmuster zu erzeugen, eignen sie sich für eine Bewegungsgenerierung für Beinbewegungen. Während der Laufzeit können diese Muster durch Parameteränderungen, sei es durch den Benutzer, oder durch Regelungsalgorithmen angepasst werden.

Ziel der Arbeit ist dementsprechend die Untersuchung, wie aus der Biologie bekannte Konzepte über neuronale Verschaltungen und Verhalten beim Menschen bzw. Säugetieren für die Robotik genutzt werden können.

Zum Erreichen des Ziels sind die folgenden Teilziele erforderlich:

- Auswahl geeigneter Verfahren, Methoden und Modelle für die Realisierung von Reflexen und CPGs.

- Erstellung des Gesamtkonzepts und der Teilkonzepte für Reflexe und deren Abhängigkeiten und CPGs.

- Integration der Teilbereiche in ein Gesamtsystem und das bestehende Überwachungskonzept.

- Simulation und experimentelle Erprobung.

Aus mehreren Methoden zur Nachbildung von Neuronen wird für die Reflexe das Leaky-Integrate-and-Fire Modell gewählt und basierend darauf ein grundlegendes Reflexmodul erstellt. Das neu entwickelte Reflexmodul wird dann im weiteren Verlauf für den Einsatz von drei konkreten Reflexen weiterentwickelt. Die drei Reflexe, der Schlupfreflex, der Greifreflex und der Stoßreflex, werden in ein bereits bestehendes Überwachungskonzept integriert. Das auf Petri-Netzen basierende Gesamtsystem wird schließlich experimentell erprobt und zeigt gleiche Reaktionszeiten von $50 - 150\ ms$ wie Reflexe beim menschlichen Vorbild.

Zur Nachbildung der Bewegungsgenerierung von Säugetieren wird ein CPG auf zwei verschiedene Arten aufgebaut. Zum Aufbau eines neuen ganzheitlichen Analysesystems erfolgt die Nachbildung des CPGs in der Software NEURON. Die generierten Muster werden mit aufgezeichneten elektromyographischen Daten verglichen.

Eine Parameteroptimierung mittels Evolutionärer Algorithmen (Software: GLEAM) zeigt, dass sich die generierten Muster an die gemessenen Muskelaktivierungen annähern lassen.

Für den Einsatz auf einem Laufdemonstrator kommen Neuronen nach dem Spike-Response-Modell zum Einsatz, da sie einen deutlich geringeren Rechenaufwand erfordern. Der damit neu aufgebaute CPG kann über Parametereinstellungen während der Laufzeit seine Muster verändern und die Frequenz der generierten Muster erhöhen.

Erstmalig wird die Mustergenerierung mittels CPG auf einem Prothesen-Roboter-Hybrid als Laufdemonstrator getestet. Der unteraktuierte Roboter mit passiven Knieprothesen als Kniegelenke und passiven Fußprothesen als Füße ist nur in der Hüfte durch Fluidaktoren angetrieben. Zusammen mit der neu erstellten Bewegungsgenerierung mittels eines CPG ist der Demonstrator in der Lage eine gleichmäßige Gangbewegung auszuführen und auch auf kleinere Störungen so zu reagieren, dass das System nicht aus dem Takt kommt.

Inhaltsverzeichnis

1. Einleitung und Motivation

1.1. Bedeutung und Einordnung der Arbeit

In den letzten Jahren hat die Entwicklung humanoider Roboter gewaltige Fortschritte gemacht. Dazu gibt es, wie in Japan, Südkorea, den USA und vielen europäischen Staaten, auch in Deutschland viele Forschungsaktivitäten. Unter anderem wurde im Jahr 2001 von der Deutschen Forschungsgemeinschaft (DFG) der Sonderforschungsbereich 588 "Humanoide Roboter - Lernende und kooperierende multimodale Roboter" (SFB 588) [148] ins Leben gerufen.

Das Ziel der vorliegenden Arbeit ist zu untersuchen, inwieweit in der Biologie, bei Menschen bzw. Säugetieren, vorhandene Konzepte zur Regelung und Erzeugung von Bewegungen auf die Robotik übertragen und für entsprechende Aufgaben verwendet werden können. Hierfür wurden verschiedene Strategien aus der Biologie auf die technische Anwendung übertragen, implementiert und an Demonstratoren erprobt.

Die Herangehensweise vom biologischen Standpunkt ausgehend ist vor allem durch das geplante Einsatzfeld des Roboters motiviert. Roboter in der industriellen Fertigung, z.B. in Produktionslinien der Automobilindustrie, sind in klar strukturierten Umgebungen eingesetzt. Die Arbeitsbereiche sind eindeutig begrenzt und durch Sicherungseinrichtungen wie Zäune, Lichtschranken und Ähnlichem vor unkontrolliertem Zugriff durch den Menschen geschützt, um Verletzungen des Menschen durch solche sehr starken und schnell operierenden Maschinen zu verhindern. Andere Roboter für den Einsatz in Bereichen, die für den Menschen gefährlich wären, werden aus der Distanz ferngesteuert, egal ob Mars-Rover oder Bombenentschärfung, der Mensch ist in sicherer Distanz. Im Gegensatz zu den eben genannten Einsatzszenarien ist der geplante Aufgabenbereich für einen humanoiden Roboter direkt in einer auf den Menschen ausgerichteten Umgebung. So sollen solche Roboter z.B. als Assistenten im Haushalt, als Entertainer oder Museumsführer eingesetzt werden. Eine Voraussetzung dafür ist eine sehr nahe Interaktion mit dem Benutzer und eine klare Trennung durch Sicherheitseinrichtungen ist nicht möglich. Dementsprechend ist der Sicherheitsaspekt ein Schlüsselkriterium für den Einsatz und die Akzeptanz solcher Maschinen. Menschen bzw. Säugetiere haben hierbei als Selbstschutzmechanismen Reflexe entwickelt, welche sehr schnelle Reaktionen auf unerwartete Störungen ohne lange Planungsphasen ermöglichen. Vergleichbares ist bei humanoiden Robotern bislang kaum etabliert.

Ein weiterer Aspekt für die Akzeptanz solcher Roboter in der Gesellschaft ist die Art, wie Bewegungen ausgeführt werden. Wie der Name "Humanoide Roboter" schon ausdrückt, ist ein möglichst menschenähnliches Erscheinungsbild gewünscht. Hierzu gehören auch natürlich anmutende Bewegungen, welche vom Benutzer dementsprechend interpretiert und vorausgesehen werden können. Vor allem für zyklische, also sich wiederholende Bewegungen, wurden in der zweiten Hälfte des letzten Jahrhunderts besondere neuronale Strukturen in Säugetieren identifiziert, welche für die Generierung entsprechender Bewegungen verantwortlich sind.

Die Frage, die sich daraus ergibt, ist nun, inwieweit sich die eben genannten biologischen Mechanismen auf die technische Anwendung bei einem humanoiden Roboter übertragen lassen. Im Folgenden werden darum nun sowohl die biologischen Hintergründe der Arbeit, als auch die technischen Grundlagen erläutert. Das Kapitel schließt dann mit einer genauen Beschreibung der offenen Probleme und legt die Ziele der Arbeit im Detail fest.

1.2. Technische Grundlagen

In diesem Abschnitt werden nun die technischen Grundlagen der Arbeit erläutert. Hierbei wird auch eine Differenzierung des weiten Feldes der Robotik vorgenommen, um eine genauere Einordnung der Arbeit zu ermöglichen. Außerdem werden Arbeiten anderer Gruppen, welche die vorliegende Dissertation beeinflusst und motiviert haben, vorgestellt, bzw. auch wo nötig, eine erste Abgrenzung zu bereits existierenden Verfahren vorgenommen.

1.2.1. Robotik

Die ersten Roboter gab es bereits in der Antike, welche allerdings rein mechanische Automaten waren, deren einzige Aufgabe in der Unterhaltung des Publikums bestand [84]. Als aber in den 50er und 60er Jahren die ersten Industrieroboter in der Automobilproduktion Einzug gehalten hatten, waren sie bald nicht mehr wegzudenken und sind mittlerweile ein essenzieller Bestandteil nahezu jeder größeren Produktionsstraße in der Industrie, egal ob zur Montage, Lackierung, beim Schweißen oder Palettieren bzw. Befüllen von Behältern.

Das weite Feld der Robotik lässt sich grob in zwei wesentliche Bereiche unterteilen. Auf der einen Seite die Industrieroboter [159], welche mittlerweile schon sehr ausgereift sind und in vielseitigen Bereichen eingesetzt werden und auf der anderen Seite die Service-Roboter [76]. Hierunter werden viele unterschiedliche Arten von Robotern zusammengefasst. Eine Gemeinsamkeit, im Unterschied zu den Industrierobotern, besteht darin, dass sie nicht in einer klar strukturierten Arbeitsumgebung tätig sind.

Abb. 1.1.: Industrieroboter[1]

Industrieroboter werden in auf sie zugeschnittenen Anlagen eingesetzt. Es gibt Sicherheitszäune und -bereiche, welche per Video und Lichtschranken bzw. Laserscanner überwacht werden und die Roboter sofort stoppen, sollte ein Mensch den Arbeitsbereich des Roboters betreten. Solche Maßnahmen sind zwingend erforderlich, da die Roboter mit ihren großen Massen und Geschwindigkeiten ein gewaltiges Verletzungsrisiko für Menschen darstellen, schließlich sind sie auf eine schnelle und effektive Produktion hin optimiert, in die der Mensch nur noch so wenig wie möglich eingreifen muss. In Abb. 1.1[1] ist eine Produktionsstraße in der Automobilfertigung mit mehreren Robotern abgebildet. Der Bereich der Serviceroboter hingegen ist deutlich heterogener und reicht von Entertainmentrobotern wie z.B. AIBO (Abb. 1.2 (a)[2]) über Roboter für Kriseneinsätze (Abb. 1.2 (b)[3]) bis hin zu kleinen Staubsauger- oder

---

[1]Quelle: http://en.wikipedia.org/wiki/File:BMW_Leipzig_MEDIA_050719_Download_Karosseriebau_max.jpg (Stand: 23.03.2013, Urheber: Thorsten Heise)

[2]Quelle: http://en.wikipedia.org/wiki/File:AIBO_ERS-7_with_exposed_internal_circuitry.jpg (Stand: 23.03.2013, Urheber: Wikipedia-User Alex)

[3]Quelle: http://commons.wikimedia.org/wiki/File:Roboter_2.jpg (Stand: 23.03.2013, Urheber: Wikipedia-User Hoheit)

(a) AIBO[2]

(b) Roboter zur
Bombenentschärfung[3]

(c) Staubsauger[4]

Abb. 1.2.: Verschiedene Serviceroboter

Rasenmäherrobotern (Abb. 1.2 (c)[4]) . AIBO, links in der Abbildung, ist in seiner Form einem Hund nachempfunden und wurde als Spielzeug konzipiert. Er versteht rudimentäre Sprachbefehle und ist in der Lage sich fortzubewegen und sich hinzulegen, indem er seine Kniegelenke abwinkelt. In der Mitte der drei Aufnahmen ist ein Roboter zur Bombenentschärfung zu sehen. Da sie in unterschiedlichsten Umgebungen ihre Position ändern müssen, sind sie meist mit Kettenantrieben ausgestattet und verfügen über robuste Aufbauten zur Untersuchung und Manipulation verdächtiger Gegenstände. Rechts in der Abbildung ist ein typischer Vertreter der Staubsaugerroboter zu sehen. Ihre Form ist normalerweise rund und im vorderen Bereich des Roboters ist ein Kontaktsensor (schwarzer Bereich) angebracht. Stößt der Roboter gegen ein Hindernis setzt er zurück, dreht um einen vorgegebenen Winkel und setzt seine Fahrt fort.

Auch bei den humanoiden Robotern, also den Robotern, die dem menschlichen Vorbild nachempfunden sind, lassen sich Unterscheidungen vornehmen, auf welche nun im Folgenden genauer eingegangen werden soll.

---

[4]Quelle: http://de.wikipedia.org/w/index.php?title=Datei:Reinigungsroboter_tcm_100.JPG&filetimestamp=20060205111356 (Stand: 23.03.2013, Urheber: Stephan M. Höhne)

Humanoide Roboter

Grundsätzlich lässt sich sagen, dass humanoide Roboter ein menschenähnliches Aussehen haben sollen, wobei eine Größenskalierung nur eine untergeordnete Rolle spielt. Je nach Art des Roboters bzw. dessen Auslegung sollen seine Fähigkeiten denen eines Menschen nachempfunden sein. Wie der Begriff "Humanoide Roboter" schon verdeutlicht, handelt es sich hierbei um Roboter, die den Menschen und seine Fähigkeiten nachbilden sollen, allerdings ist eine genaue Definition schwierig. Außerdem spielen auch soziale Aspekte eine Rolle, wenn es um das Design und die Akzeptanz von humanoiden Robotern geht [17].

In [31] wird ein humanoider Roboter wie folgt definiert:

> "Mit dem Begriff *humanoider Roboter* werden im allgemeinen die Fähigkeiten eines Roboters zur menschenähnlichen Bewegung, Kommunikation und Intelligenz in Verbindung gebracht. Ein mit dem Roboter interagierender Mensch kann dessen Bewegungen intuitiv besser abschätzen und wird seltener durch unvorhergesehene Aktionen des Roboters überrascht."

Der Grund für die Schwierigkeit einer Definition liegt vor allem an der Komplexität des Themas, denn menschenähnlich meint den Menschen als Gesamtheit, was neben dem Aussehen auch Fähigkeiten und Leistung mit einschließt. Zum Beispiel wurden die Roboter Johnnie [131] und Lola [35, 91] mit der Zielsetzung gebaut, zweibeiniges Gehen eines Roboters umzusetzen (Johnnie - Abb. 1.3 (a)[5]) und dabei dann auch höhere Geschwindigkeiten, bis hin zum Joggen, zu ermöglichen (Lola - Abb. 1.3 (b)[6]) . Der rechts abgebilde-

---

[5]Quelle: Dr.-Ing. Thomas Buschmann, Technische Universität München, Lehrstuhl für Angewandte Mechanik, Stand: 23.03.2013

[6]Quelle: Dr.-Ing. Thomas Buschmann, Technische Universität München, Lehrstuhl für Angewandte Mechanik (Stand: 23.03.2013)

te Roboter Lola ist eine Weiterentwicklung des Roboters Johnnie (links). Im Gegensatz zu Johnnie verfügt Lola über aktive Fußheber und das verbesserte Design der Beine ist deutlich zu erkennen. Beiden Robotern gemeinsam ist, dass sie keine Hände haben, sondern Gewichte an den Enden der Arme. Das verdeutlicht den Einsatzschwerpunkt der Roboter bzgl. der zweibeinigen Fortbewegung. Die Gewichte dienen dabei zur Speicherung und Freigabe der Bewegungsenergie durch das Vor- und Zurückschwingen der Arme, gegenläufig zur Bewegung der Beine, wie beim menschlichen Gang.

Kognitive und perzeptorische Fähigkeiten, welche z.B. für die Manipulation von Objekten oder die Interaktion mit Benutzern notwendig sind, fanden hier nur wenig Beachtung. Ähnliches gilt auch für den Roboter PETMAN von Boston Dynamic, der in erster Linie gebaut wurde, um zweibeiniges Gehen in unstrukturiertem Gelände zu ermöglichen [134]. Im Gegensatz dazu verfolgt [80] den Ansatz, den menschlichen Gang komplett mathematisch zu modellieren und berücksichtigt dabei sowohl die biomechanischen Eigenschaften der Beine, als auch sensorisches Feedback und den neurologischen Hintergrund der Bewegungsgenerierung.

Bei Robotern wie Hondas Asimo [64] (Abb. 1.4 (a)[7]) , dem HRP 2 (Humanoid Robotics Project) [74] (Abb. 1.4 (b)[8]) , den Toyota Robotern [83] (Abb. 1.4 (c)[9]) oder dem Roboter WABIAN [121] liegt der Schwerpunkt klar auf dem Entertainmenteinsatz, was vor allem durch das Design und ihre Beweglichkeit zum Ausdruck kommt. Besonders deutlich wird das beim HRP2 in der Mitte, dessen Design an die in Japan verbreiteten Manga-Comics angelehnt ist. Seine Entwicklung baut auf der des bekannten Honda Asimo (links) auf und verläuft nebenläufig. Asimo hat hingegen eine deutlich kleinere Größe,

---

[7]Quelle: `http://commons.wikimedia.org/wiki/File:HONDA_ASIMO.jpg` (Stand: 23.03.2013, Urheber: Wikipedia-User Gnsin)

[8]Quelle: `http://en.wikipedia.org/wiki/File:HRP-2_front_Science_Museum_Tokyo.jpg` (Stand: 23.03.2013, Urheber: Wikipedia-User Morio)

[9]Quelle: `http://en.wikipedia.org/wiki/File:Toyota_Robot_at_Toyota_Kaikan.jpg` (Stand: 23.03.2013, Urheber: Wikipedia-User Chris73)

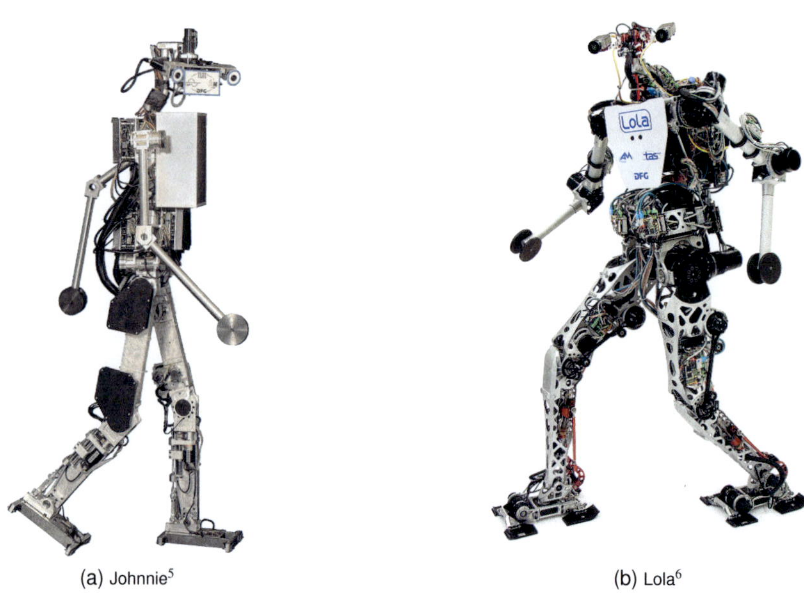

(a) Johnnie[5]   (b) Lola[6]

Abb. 1.3.: Zweibeinige Läufer des Lehrstuhls für Angewandte Mechanik an der TU München

da bei ihm die Maße eines Kindes angelegt wurden. Solche und vergleichbare Plattformen sind schon sehr weit entwickelt und verfügen über eine Vielzahl von Freiheitsgraden, welche ihnen einen großen Bewegungsspielraum geben. Das zeigt eindrucksvoll der Toyota Robot (rechts), der sogar, während er läuft, Trompete spielen und die Ventile bedienen kann.

Eine weitere neue Richtung in der Forschung an humanoiden Robotern beschäftigt sich damit, die Systeme mit beweglichen Oberkörpern auszustatten, um Bewegungen des Torsos (wie es dem Menschen mit seiner Wirbelsäule möglich ist) zu erlauben [16, 115, 122, 138, 145, 166].

Wenn es um Assistenzroboter im häuslichen Bereich geht, so spielen vor allem Manipulationsaufgaben eine entscheidende Rolle. Außerdem müssen Roboter, die für solche Aufgaben konzipiert sind, in der Lage sein, ihnen übertragene Aufgaben autonom zu erledigen, und sich auch auf eine sich

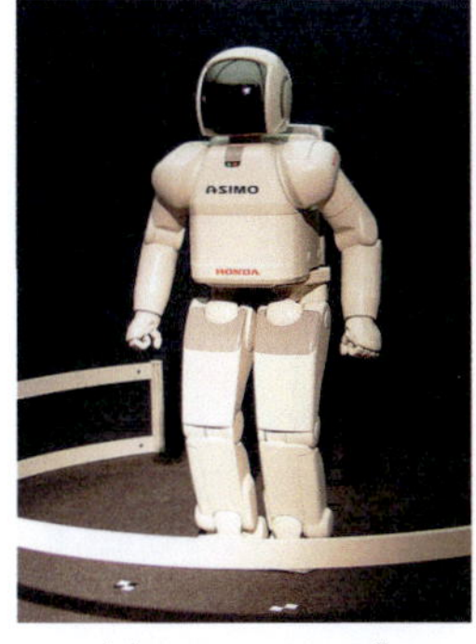

(a) ASIMO (Honda)[7]

(b) HRP2[8]

(c) Toyota Robot[9]

Abb. 1.4.: Humanoide Roboter mit menschenähnlichem Körper

verändernde Umgebung anzupassen. Hierfür ist eine ausreichende Wahrnehmung der Umgebung selbstverständlich eine wichtige Voraussetzung, was den Einsatz einer Vielzahl von Sensoren erforderlich macht [6]. Der DLR-Roboter Justin (Abb. 1.5 (a)[10]) ist z.B. in der Lage, einen Eistee aus Getränkepulver zuzubereiten, was verschiedene, zum Teil sehr komplexe Arbeitsschritte wie das Abschrauben eines Deckels oder das Einfüllen von Wasser aus einer Karaffe, deren Schwerpunkt sich dabei natürlich ändert, erfordert [126]. Im Roboterkopf sind Kameras und Sensoren verbaut. Die Arme sind KUKA-Leichtbau-Arme. Die Plattform kann sich holonom bewegen. Auch der PR2 von Willow Garage (Abb. 1.5 (b)[11]) wurde für die Arbeit in solch einem weiten Aufgabenspektrum entwickelt [41]. Deutlich ist hier, dass das menschenähnliche Aussehen zugunsten der Funktionalität zurückstehen

---

[10]Quelle: Dr.-Ing. Christian Ott, Deutsches Zentrum für Luft- und Raumfahrt (DLR) (Stand: 25.03.2013)

[11]Quelle: `http://en.wikipedia.org/wiki/File:PR2_at_Maker_Faire.jpg` (Stand: 23.03.2013, Urheber: Timothy Vollmer)

(a) Justin der DLR[10]

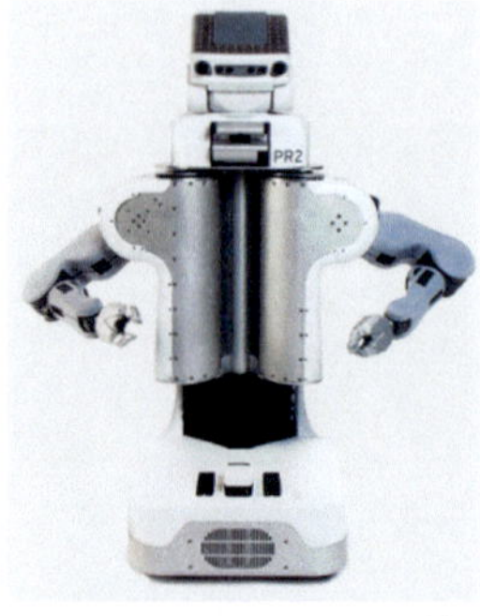

(b) PR2 von Willow Garage[11]

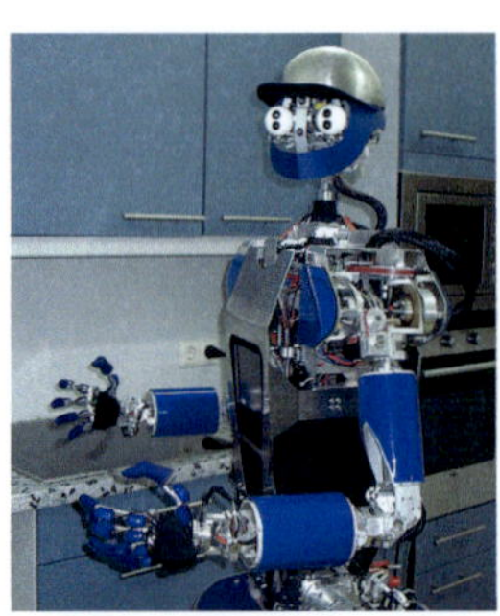

(c) ARMAR IIIa des SFB 588[12]

Abb. 1.5.: Humanoide Roboter zur Manipulation von Objekten

musste. Im Gegensatz zum Roboter ARMAR (Abb. 1.5 (c)[12]), welcher im Sonderforschungsbereich (SFB) 588 entwickelt wurde, verfügt der PR2 nur über Backengreifer und nicht wie ARMAR über Hände mit fünf Fingern. Auch die Proportionen von ARMAR, dessen Spezialgebiet das Arbeiten in einer Küche ist [132], sind mehr am Menschen orientiert.

Den drei letztgenannten Robotern ist gemeinsam, dass der Schwerpunkt bei ihrer Entwicklung auf Interaktion mit der Umgebung und deren Manipulation gelegt wurde.

Die Ausrichtung des SFB 588 hat den Schwerpunkt darin, einen humanoiden Roboter zu entwickeln, der mit menschenähnlichen Fähigkeiten im perzepto- rischen und kognitiven Bereich in der Lage ist, mit einem Menschen in einem Küchenszenario zu kooperieren und interagieren, aber auch selbstständig unterschiedliche Manipulationsaufgaben zu erledigen [7, 9]. Die große Her- ausforderung dabei liegt neben der Vielfältigkeit der Aufgaben und der an- gestrebten Autonomie des Roboters vor allem darin, dass es sich um eine auf den Menschen zentrierte Umgebung handeln soll, sich also der Roboter dem Menschen und dessen Umgebung anpasst, nicht umgekehrt.

---

[12]Quelle: Sonderforschungsbereich 588

Für das beschriebene Einsatzgebiet ist es für die Akzeptanz der Roboter in der Gesellschaft aber essentiell, dass von ihnen keine Gefährdung ausgeht. Eine Interaktion mit solch einer Maschine, oder ein Roboter der sich autonom zwischen Menschen in einem Haushalt bewegen soll, darf keinerlei Risiko für den Benutzer darstellen. Erst recht in Wohnbereichen, in denen auch Kinder unterwegs sind, oder in Bereichen mit viel Publikumsverkehr ist der Sicherheitsaspekt von herausragender Bedeutung.

Sind Roboter grundsätzlich als Versuchsplattformen gedacht, welche sich in einer klar definierten Umgebung unter Laborbedingungen bewegen (wie z.B. Lola oder Johnnie), so lässt sich der Sicherheitsanspruch etwas reduzieren, da sich hier nur geschultes Personal aufhält. Humanoide Roboter, deren Bestimmung aber klar im häuslichen Bereich liegt, müssen deutlich strengeren Sicherheitskriterien genügen. Hierbei liegt bislang jedoch bei allen Robotern der Schwerpunkt auf der Vermeidung von kritischen Situationen. Erreicht wird das durch anspruchsvolle Planungsroutinen und Mechanismen zur Prädiktion. Ebenso kommen dabei eine Vielzahl von Sensoren wie Abstandssensoren (Laserscanner, Ultraschall), Kameras oder Mikrophone zum Einsatz, welche verhindern sollen, dass jemals überhaupt eine kritische Situation eintritt. Vor allem den Armbewegungen liegen dabei ausgereifte Regelungskonzepte zugrunde [14, 155].

Nichts desto trotz kann so etwas niemals komplett ausgeschlossen werden. Es existieren aber bisher kaum Verfahren, welche wirklich reaktiv auf Kollisionen oder andere aufgetretene Störungen von Außen reagieren können. Eine Ausnahme bildet hier der Leichtbau-Roboterarm, der von der DLR (Deutsches Zentrum für Luft- und Raumfahrt) in Zusammenarbeit mit KUKA entwickelt wurde [4]. Hier wurden spezielle Regelungsalgorithmen entworfen, welche es dem Arm ermöglichen, ausgesprochen schnell und weich auf Kollisionen zu reagieren.

Weitere Arbeiten beschäftigen sich mit Reflexen für humanoide Roboter, um die Kooperation mit dem Benutzer sicherer zu machen [169], Greifvorgänge zu automatisieren [54, 77] oder Beinbewegungen zu vereinfachen [149]. Bei [169] wird allerdings ausschließlich das Verhalten, die schnelle Reaktion auf eine Störung, als Reflex definiert. Ein tiefergehender Zusammenhang mit biologischen Reflexen besteht jedoch nicht.

Etwas allgemeiner ausgerichtet sind Arbeiten, die sich mit verhaltensbasierten Steuerungen für Roboter beschäftigen [133] bzw. die über Selbstanpassungen des Roboters eine Verhaltensarchitektur aufbauen [151]. Roboterreflexe können dabei als Teilbereich verstanden werden.

Passiv dynamische Läufer

Ein spezieller Bereich der Forschung an Robotern, welcher auch großen Einfluss auf die humanoide Robotik hat, ist der Bereich der passiven dynamischen Läufer. Hierbei handelt es sich um zweibeinige Laufmaschinen, welche sich vor allem dynamische Eigenschaften zunutze machen, um Schrittfolgen auszuführen (Abb. 1.6). Ihnen allen ist gemein, dass sie unteraktuiert sind, also einige, wenn nicht gar alle Gelenke rein passiv bzw. ohne Aktoren sind. Die komplett passiven Läufer brauchen deswegen aber eine schiefe Ebene mit konstantem Neigungswinkel, um kontinuierlich laufen zu können [39]. In Abb. 1.6 (a)[13] ist die schräge Ebene deutlich zu erkennen, ebenso wie die breiten Füße, die ein Kippen zur Seite verhindern sollen. Auch der passiv dynamische Läufer der Universität von Manitoba besitzt keinerlei Aktoren (Abb. 1.6 (b)[14]). Das seitliche Kippen wird hier durch die eigenwillige Konstruktion der Beine verhindert. Andere, wie z.B. Runbot [96, 97]

---

[13]Quelle: Prof. Steve Collins, Mechanical Engineering, Robotics Institute, Carnegie Mellon University (Stand: 14.04.2013)

[14]Quelle: Prof. Christine Qiong Wu, Department of Mechanical and Manufacturing Engineering, University of Manitoba (Stand: 14.04.2013)

(a) Collins Passive
Dynamic Walker1[13]

(b) Passive Dynamic Walker
University of Manitoba[14]

(c) Runbot[15]

Abb. 1.6.: Passiv dynamische Läufer

(Abb. 1.6 (c)[15]), haben Aktoren in der Hüfte oder im Torso, welche durch Verlagerung des Schwerpunktes ein Nach-Vorne-Fallen provozieren, was dann zum Schwingen der Beine führt. Die seitliche Stabilität wird beim Runbot dadurch erreicht, dass der Roboter im Kreis läuft und durch einen Stab zur Abstützung mit dem Mittelpunkt verbunden ist. Motiviert ist der beschriebene Ansatz vor allem durch das energieeffiziente Laufen des Menschen, welcher auch ein Verlagern seiner Masse nutzt, um möglichst kräfteschonend längere Strecken zu gehen. Im Gegensatz zu den humanoiden Robotern aus dem vorherigen Abschnitt verfügen passiv dynamische Läufer nur selten über Oberkörper oder gar Arme bzw. einen Kopf, was sie schon im Aussehen unterscheidet. Außerdem sind sie meist auf eine seitliche Stabilisierung angewiesen.

Es gibt auch noch Arbeiten an anderen Sonderformen von humanoiden Robotern, wie z.B. hüpfende Roboter [135], auf welche hier jedoch nicht näher eingegangen wird.

---

[15]Quelle: Poramate Manoonpong, Bernstein Center for Computational Neuroscience, Göttingen (Stand: 14.04.2013)

1.2.2. Überwachungskonzept

Je komplexer und umfangreicher eine Maschine bzw. ein System im Allgemeinen ist, desto schwieriger wird es, alle Eventualitäten, die während eines Einsatzes auftreten können, bereits in der Planung zu berücksichtigen. Handelt es sich dabei dann auch noch um einen Roboter, welcher in einem nicht klar definierten Umfeld zum Einsatz kommen soll, ist es gar nicht mehr möglich, jede Situation im Vorfeld zu berücksichtigen. Dadurch wird eine Systemüberwachung während des Betriebs unumgänglich.

Solch eine Überwachung hat die Aufgabe, die internen Zustände eines Systems kontinuierlich auszuwerten und sowohl den korrekten Ablauf von bestimmten Aufgaben zu verfolgen, also auch Ausnahmesituationen zu erkennen und entsprechende Reaktionen auszulösen. Solche Ausnahmesituationen können entweder von extern kommen oder interner Natur sein. Störungen von Außen sind unter anderem unvorhergesehene Kollisionen mit Objekten. Ein Ausfall von Sensorik oder Aktorik ist dagegen eine Störung innerhalb des Systems.

Zur online Systemüberwachung gibt es in der Informatik verschiedene Methoden, zu denen auch die Petri-Netze gehören [130]. Mit diesem Verfahren können Zustandsfolgen und die Übergänge zwischen einzelnen Zuständen modelliert werden. Sie wurden für den Aufbau einer Systemüberwachung aus hierarchischen Petri-Netzen [86, 111] verwendet. Sie stellen einen Teil einer kognitiven Architektur für Roboter dar [32]. Genauer gesagt, ist die Systemüberwachung ein wichtiger Bestandteil des Diskret-Kontinuierlichen-Regelungskonzepts (Abb. 1.7), welches im Sonderforschungsbereich entwickelt wurde [82, 108, 109, 113, 148]. Auf der rechten Seite ist das Roboterumfeld dargestellt, das vom Roboter über perzeptorische Sensoren wahrgenommen wird. Die Sensorinformationen werden an die Diskret-Kontinuierliche Regelung übermittelt (rote Pfeile) und dort fusioniert und ausgewertet (links

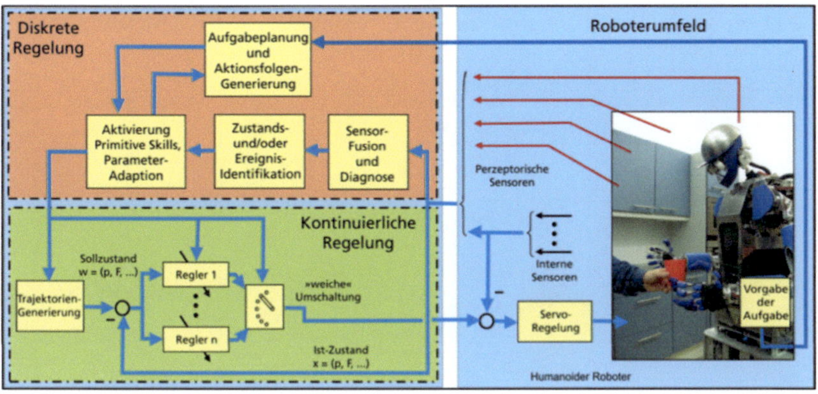

Abb. 1.7.: Diskret-Kontinuierliches Regelungskonzept (Stand Ende 2. Phase SFB 588 [1, 110])

oben). Entsprechend der Ergebnisse erfolgt die Aufgabenplanung und die Aktivierung von Grundgeschicklichkeiten oder eine Anpassung von Parametern. Die so ermittelten Parameter werden dann an die Trajektorien-Generierung im Teil der kontinuierlichen Regelung weitergegeben (links unten) und die entsprechenden Stellgrößen an den Roboter zurückgegeben.

Für die strukturierte Behandlung komplexer Aufgaben werden sie in Teilaufgaben zerlegt und schließlich durch Elementaroperationen (EOs) repräsentiert und als Petri-Netze formal dargestellt [86, 107]. Für die Systemüberwachung wurden zwei unterschiedliche Netztypen erstellt, um die einzelnen Abschnitte einer Taskausführung zu überwachen. Dafür werden die einzelnen Aufgaben in Elementaraktionen (EAs) zerlegt (Abb. 1.8 oben), wobei die Aufgabe als Aktion (A) betrachtet wird (Abb. 1.8 Mitte). Indem eine Kette von EOs abgearbeitet wird, werden die EAs ausgeführt. Eine Aneinanderreihung von Aufgaben bzw. Aktionen (A) wird schließlich als Aktionsfolge (AF) bezeichnet (Abb. 1.8 unten). Für Aktionsfolgen und einzelne Aktionen kann die Abarbeitung der jeweils kleineren Organisationseinheiten (Aktionen bzw. Ele-

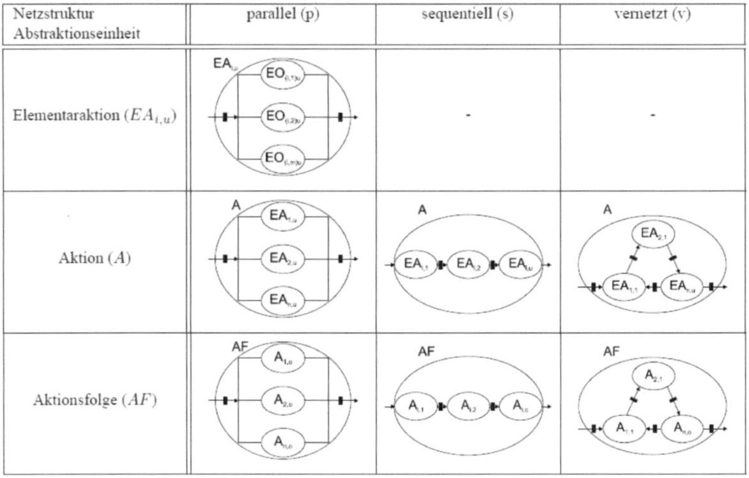

Netzstruktur Abstraktionseinheit	parallel (p)	sequentiell (s)	vernetzt (v)
Elementaraktion ($EA_{i,u}$)		-	-
Aktion (A)			
Aktionsfolge (AF)			

Abb. 1.8.: Unterteilung von Aufgaben, bzw. Aktionen in Elementaraktionen und Elementaroperationen [86]

mentaraktionen) auf drei verschiedene Arten erfolgen. Die entsprechende Petri-Netz Struktur ist in den Spalten der Abb. 1.8 dargestellt.

Zur Verwaltung der Roboterressourcen und -zustände wurde ein Petri-Netz eingeführt, dessen Plätze für die jeweiligen Roboterressourcen stehen. Hierbei wird unterschieden, ob ein Roboter beschäftigt ist, sich im Standby befindet, ob eine Komponente oder gar der ganze Roboter aktiv oder bereit ist.

Wenn der Roboter bereit ist, eine Task auszuführen, wird sein Zustand auf *Active* gesetzt und der zweite Petri-Netz-Typ wird aktiviert. Das Verwaltungsnetz überwacht die Aufgabenausführung. Ein Beispiel hierfür ist ein Greifprozess, bei dem die Roboterhand als beschäftigte Ressource gesehen werden kann [98, 125]

In Abb. 1.9 ist solch ein Verwaltungsnetz abgebildet. Die Abarbeitung des Netzes erfolgt dabei beginnend im Platz *Ready bzw. Bereit* A_{Re}, der in der

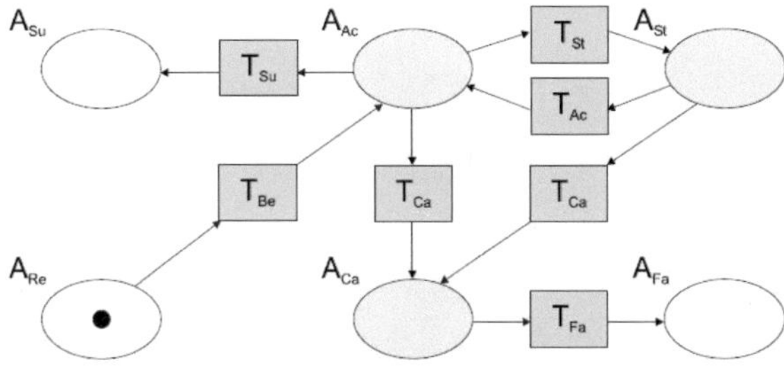

Abb. 1.9.: Verwaltungsnetz [86]

Abbildung mit einer Marke versehen ist. In diesem Zustand ist das Netz bereit, eine Aufgabe abzuarbeiten. Für das System bedeutet das, dass die notwendigen Ressourcen zur Verfügung stehen, um die Aufgabe zu erledigen. Startet die Abarbeitung, wechselt die Marke in den Platz *Active bzw. Aktiv* A_{Ac}, die Ressourcen werden also in Anspruch genommen. Von hier aus gibt es mehrere Möglichkeiten, wie der Ablauf fortgesetzt werden kann. Ist die Ausführung erfolgreich, folgt auf *Active bzw. Aktiv* A_{Ac} der Übergang zu *Success bzw. Erfolg* A_{Su}. Wird eine Ausführung unterbrochen, wird der Platz *Stopped bzw. Angehalten* A_{St} aktiv, d.h. die Marke wandert hier hin. Von hier aus kann die Ausführung weiter fortgesetzt werden (Wechsel zurück zu *Active bzw. Aktiv* A_{Ac}) oder auch abgebrochen werden *Canceled bzw. Abgebrochen* A_{Ca}. Ein Abbruch ist auch direkt aus *Active bzw. Aktiv* A_{Ac} möglich und führt unweigerlich zu einem Fehlschlagen der Ausführung *Failure bzw. Fehlschlag* A_{Fa}. Der Übergang zwischen den einzelnen Plätzen erfolgt mit den entsprechenden Transitionen T mit dem jeweiligen Index des Zielplatzes als eigenem Index (z.B. T_{Ca} für den Übergang von A_{Ac} nach A_{Ca}).

Sobald die Aufgabe erfolgreich abgeschlossen oder abgebrochen wurde, wird die Kontrolle wieder an das übergeordnete Koordinierungsnetz mit den zugehörigen Informationen *success* oder *failure* übergeben. Besetzte Ressourcen werden wieder freigegeben und der Roboter ist für neue Aufgaben bereit [86]. Das hier vorgestellte Petri-Netz dient als Grundlage für die Inte-

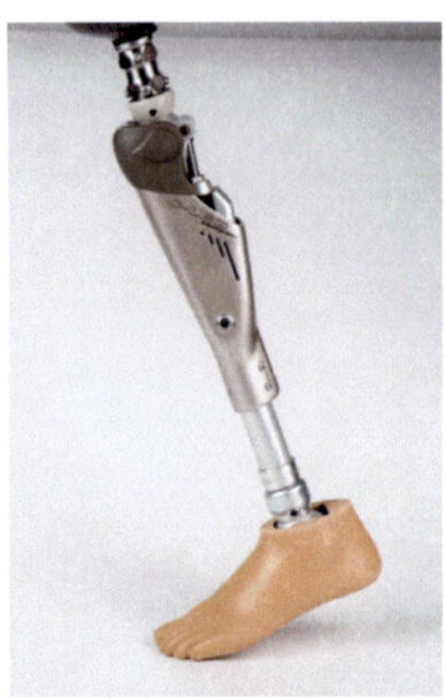

(a) C-Leg Beinprothese
© by Otto Bock HC

(b) Sprintprothese
3S80
© by Otto Bock
HC

(c) Fußprothese 1C60 Triton
© by Otto Bock HC

Abb. 1.10.: Verschiedene Prothesen der Firma Otto Bock[16]

gration von Reflexverhalten in die Abarbeitung von Aufgaben. Basierend auf der entwickelten Reflexarchitektur wird das Netz in Abschnitt 2.6 angepasst, die vorgenommenen Erweiterungen erläutert und in Abb. 2.13 dargestellt und kenntlich gemacht.

Dadurch wird die kontrollierte und überwachte Ausführung von mehreren aufeinanderfolgenden Aktionsfolgen ermöglicht.

1.2.3. Beispiele aus dem Bereich der Prothetik

Der Bereich in der Wissenschaft und Technik, in dem das Nachbauen bzw. Nachahmen von Menschen bzw. menschlichen Gliedmaßen am augenscheinlichsten ist, ist die Medizin und Prothetik. Fast alle Beinprothesen, die derzeit auf dem Markt sind, abgesehen von wenigen Ausnahmen [99, 152], haben jedoch gemeinsam, dass sie alle komplett passiv sind. Wenn überhaupt, können nur bestimmte Feder- und Dämpfer-Parameter angepasst werden [123]. Beispiele für Beinprothesen und eine Fußprothese der Firma Otto Bock sind in Abb. 1.10[16] zu sehen. Links ist das bekannte C-Leg abgebildet, das über eine integrierte Elektronik zur Anpassung der Dämpfungseigenschaften verfügt. In der Mitte ist eine Sportprothese für Sprinter zu sehen, deren Fuß aus einer Karbonfeder besteht. Auf der rechten Seite ist eine Fußprothese abgebildet, die die Besonderheit aufweist, dass durch den Spalt im Vorderfuß sozusagen zwei Zehen hat. Es hat sich allerdings gezeigt, dass selbst beidseitig oberschenkelamputierte Menschen mit solchen Prothesen in der Lage sind, sicher und stabil zu gehen bzw. laufen. Bestes Beispiel ist der Paraolympionike Oscar Pistorius aus Südafrika. Die komplette Aktuierung solcher künstlichen Beine erfolgt aus der Hüfte, der Lendenwirbelsäule und den noch vorhandenen Resten der Oberschenkel.

Das legt die Überlegung nahe, ob auch Roboter in der Lage sein können, nur mit einer aktuierten Hüfte bzw. aktuierten Oberschenkeln und ansonsten auf Prothesenbeinen stehend, sich zweibeinig fortzubewegen. Ideen in dieser Richtung wurden zwar schon angedacht, indem man aktive Prothesen für einen Roboter simuliert hat [57], aber mit handelsüblichen passiven Prothesen wurde es bislang noch nicht umgesetzt.

1.2.4. Zusammenfassung der technischen Grundlagen

Die vielfältigen Themenbereiche, in denen in der Robotik geforscht wird, wurden im vorangegangen Abschnitt 1.2 vorgestellt. Neben der allgemeinen Robotik mit einer Vielzahl unterschiedlicher Roboter, von Industrierobotern bis hin zu Staubsaugern, lag ein Schwerpunkt vor allem auf der humanoiden Robotik.

---

[16]Bilder © Copyrights by Otto Bock HC: Mit freundlicher Genehmigung der Firma Otto Bock

Im Weiteren wurde auch ein Überwachungskonzept für die Ansteuerung von Robotern vorgestellt. Ebenso wurden die Einflüsse technischer Entwicklungen auf die Prothetik kurz beleuchtet. Der so vorgestellte aktuelle Stand der Technik bildet die eine Basis der vorliegenden Arbeit, da sie in diesem Bereich anzusiedeln ist und einen Beitrag zur Forschung an humanoiden Robotern leistet.

Wie der Name schon sagt, hat humanoide Robotik als Vorbild den Menschen und dementsprechend spielen Erkenntnisse aus der Biologie eine große Rolle. Im folgenden Abschnitt 1.3 werden die biologischen Konzepte vorgestellt, die im Rahmen der Arbeit von Relevanz sind und als Basis für die vorgestellten Entwicklungen dienen.

1.3. Zugrundeliegende biologische Konzepte

Grundsätzliche Voraussetzung für eine Reaktion auf einen Reiz, Stimulus oder eine Aktion ist die Übertragung von Signalen. In Säugetieren erfolgt so eine Signalübertragung über das Nervensystem mit dessen Elementarbausteinen, den Neuronen. In der Technik und Informatik wurden solche biologischen Strukturen zum Vorbild genommen, um ähnliche Signalverarbeitungen, als Ergänzung zu den bereits bekannten Methoden, aufzubauen. Ebenso sind Neuronen in der Lage, Signale und Informationen zu gewichten oder sogar zu lernen.

Im Folgenden werden nun diejenigen biologischen Prinzipien erläutert, welche in der vorliegenden Arbeit Verwendung finden.

1.3.1. Signalübertragung in Neuronen

Der Grundbaustein, aus welchem das menschliche Nervensystem aufgebaut ist, ist die Nervenzelle bzw. das Neuron. Es besteht aus dem Zellkörper Soma und der Nervenfaser Axon (Abb. 1.11[17]) . Unterschiedliche Konzentrationen von Natrium- (Na^+), Kalium- (K^+) und Chlorid-Ionen (Cl^+) innerhalb und außerhalb der Zelle sorgen bei den Nervenzellen für eine Ladungsdifferenz, also einem Potential zwischen Zellinnerem und -äußerem. Dieses Potential wird Membranpotential genannt. Signale werden entlang der Axone übertragen, indem die Ionen durch die Zellwand diffundieren und so zu einer Potentialverschiebung führen. Das Axon endet in vielfach verzweigten Ausläufern, den Dendriten, welche die Verbindung zu anderen Neuronen herstellen. Diese Verbindung bzw. die Signalübertragung von Neuron zu Neuron erfolgt über den sogenannten Synaptischen Spalt. Dabei können Neuronen sich gegenseitig anregen (exzitatorisch) oder hemmen (inhibitorisch). Bei einer Inhibition, also einer Hemmung der Signalübertragung sorgt ein verstärktes Diffundieren von Chlorid-Ionen in die Zelle bzw. von Kalium-Ionen aus der Zelle heraus zu einem Ladungsausgleich. Das so reduzierte Membranpotential erschwert das Erreichen eines Aktionspotentials und hemmt damit die weitere Signalübertragung. Eine Anregung erfolgt im Gegensatz dazu durch eine Erhöhung der Durchlässigkeit der Zellmembran für Kalium- und Natrium-Ionen. Es wird zwischen afferenten (zum Körper bzw. Hirn hin) und efferenten (vom Körper weg) Nervenfasern unterschieden [51, 143].

Tritt ein Reiz auf, diffundieren die Ionen durch die Zellmembran. Ein typischer Verlauf des Membranpotentials beim Feuern eines Neurons ist in Abb. 1.12[18] dargestellt. Sobald ein Schwellwert erreicht wird, "feuert" das Neuron (Depolarisation) und springt auf das Aktionspotential. Anschließend fällt das Mem-

---

[17]Quelle: `http://commons.wikimedia.org/wiki/File:Neuron_Hand-tuned.svg` (Stand: 23.03.2013, Urheber: Quasar Jarosz)

[18]Quelle: `http://de.wikipedia.org/wiki/Neuron` (Stand: 04.11.2012, Urheber: Wikipedia-User Chris73)

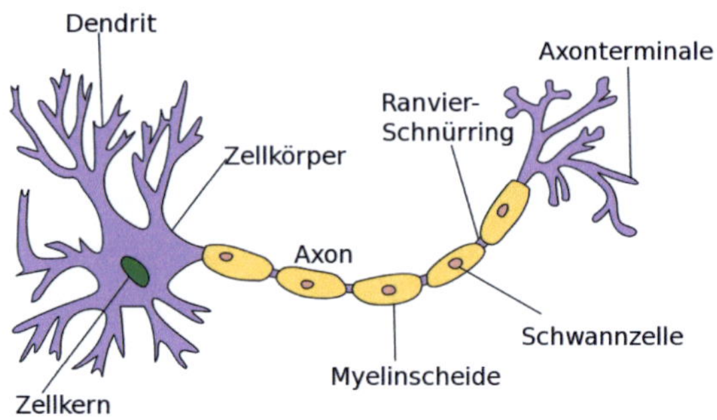

Abb. 1.11.: Struktur eines Neurons[17]

branpotential unter das Ruhepotential ab (Repolarisation) und steigt dann langsam wieder auf das Ruhepotential an (Hyperpolarisation). Der Name dafür lautet Refraktärzeit, wobei die Refraktärzeit noch unterteilt werden kann. In der absoluten Refraktärzeit ist ein erneutes Feuern des Neurons nicht möglich, da das Membranpotential trotz Stimulus den Schwellwert zum Feuern nicht erreicht. Nach der absoluten Refraktärzeit ist bei einem starken Reiz ein Feuern möglich, auch wenn das Ruhepotential noch nicht erreicht wurde. Mathematisch kann so ein Verhalten durch verschiedene Gleichungssysteme unterschiedlich genau nachgebildet werden.

Mittels der Nernst-Gleichung kann allgemein eine Ladungskonzentration und damit das Potential einer einzelnen Ionensorte berechnet werden [143]. Speziell für das Membranpotential eignet sich jedoch die Goldman-Hodgkin-Katz-Gleichung besser, da sie die Membrandurchlässigkeit für mehrere bestimmte Ionen (hier Na^+, K^+, Cl^+) berücksichtigt [143]:

$$U_m = \frac{RT}{zF} \cdot ln \frac{P_{Na} \cdot [Na^+]_a + P_K \cdot [K^+]_a + P_{Cl} \cdot [Cl^-]_i}{P_{Na} \cdot [Na^+]_i + P_K \cdot [K^+]_i + P_{Cl} \cdot [Cl^-]_a}. \tag{1.1}$$

Hierbei bezeichnet U_m das zu berechnende Membranpotential, R die universelle Gaskonstante, T die Temperatur in Kelvin und F die Faradaykonstante.

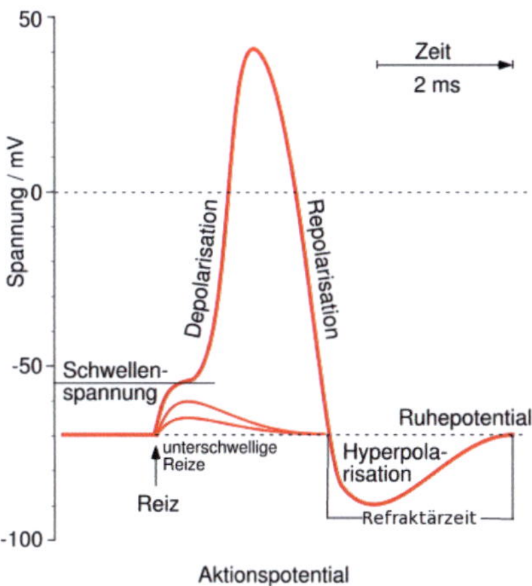

Abb. 1.12.: Potentialverlauf eines Neurons beim Feuern[18] ergänzt um Refraktärzeit

Die Anzahl der Ladungsträger wird mit z angegeben und P bezeichnet die Permeabilität der jeweiligen Ionen (Natrium Na^+, Kalium K^+ oder Chorlid Cl^-). Das im nächsten Abschnitt erwähnte Hodgkin-Huxley-Modell basiert unter anderem auf der Goldman-Hodgkin-Katz-Gleichung.

Das gesamte Nervensystem eines Organismus wird dabei in das Zentrale Nervensystem (ZNS), bestehend aus Hirn und Rückenmark, und das Periphere Nervensystem (PNS), welches die Gesamtheit der peripheren Nerven umfasst, unterteilt.

Um Muskelaktivierungen zu messen, gibt es verschiedene Arten von Messverfahren. Bei den nicht-invasiven Verfahren werden auf der Hautoberfläche Sensoren angebracht. Dabei wird aber eine genaue Platzierung der Sensoren gefordert und es ist nicht möglich, bestimmte Muskeln oder Nerven gezielt zu messen, da immer auch Anregungssignale von benachbarten Muskelfasern in die Messung einstreuen. Ein weiteres Verfahren verwendet Nadelelektroden womit direkt im Muskel die Aktivität gemessen werden kann. Bei invasiven Verfahren werden die Messsensoren direkt an einer Nervenfaser platziert. Das erfordert jedoch einen operativen Eingriff, was nur in seltenen Fällen wirklich gerechtfertigt ist. Zudem ist es auch mit der invasiven Methode sehr problematisch, bestimmte Nervensignale gezielt zu messen, denn bei längeren Messungen treten Probleme auf, wenn sich z.B. Bindegewebe zwischen Messelektroden und Nerv ansiedelt [62, 119].

1.3.2. Mathematische Modelle zur Beschreibung biologischer Neuronen

Die Forschung an humanoiden Robotern hat sich zum Ziel gesetzt, Maschinen bestimmte menschliche bzw. tierische Fähigkeiten, zum Beispiel die Fähigkeit zu lernen, zu geben. Daher lag es nahe zu versuchen, das biologische System zur Informationsverarbeitung, also das Gehirn und das Nervensystem, nachzubilden. Hierbei wurden verschiedene Ansätze entwickelt, welche sich sehr in ihrem Rechenaufwand, aber auch ihren Anwendungsmöglichkeiten unterscheiden.

Für das Maschinelle Lernen gibt es neben den aus der Informatik bekannten Support-Vektor-Maschinen und Hidden-Markov-Modellen (HMM) auch die Künstlichen Neuronalen Netze (KNNs), zu denen auch die Multilayer Perceptrons gehören. Zusätzlich zu den eher technischen KNN gibt es auch verschiedene Varianten zum Entwurf, die sich nahe am biologischen Vorbild orientieren. Vier der bekanntesten sind die Folgenden [2]:

- Hodgkin-Huxley-Modell (HHM) [65],

- FitzHugh-Nagumo-Modell [53],

- Leaky-Integrate-and-Fire-Modell (LIF) [20, 52] und das

- Spike-Response-Modell (SRM) [58, 78].

Hiervon ist das HHM dasjenige, welches biologische Neuronen am genauesten modellieren kann. Es basiert auf einem System mehrerer Differentialgleichungen (DGLs) und berücksichtigt auch die unterschiedlichen Ionenkonzentrationen von Na^+, K^+ und Cl^-. Solch eine Nähe zum realen Vorbild bringt allerdings zwei entscheidende Nachteile mit sich. So besitzt das System zum Einen eine große Anzahl Parameter, welche sich auch gegenseitig beeinflussen. Das macht es extrem aufwändig, die Parameter optimal einzustellen. Zum Anderen ist das HH-Model aufgrund der DGLs extrem rechenaufwändig, was es für den Einsatz auf Robotern ungeeignet macht, da keine vollständigen Berechnungen während der Laufzeit möglich sind.

Eine Vereinfachung des HHM ist das FitzHugh-Nagumo Modell, welches mit deutlich weniger Parametern auskommt (auf Kosten der Genauigkeit). Allerdings sind die Berechnungen hierfür immer noch zu umfangreich, um während des Betriebs gelöst zu werden [28].

Im Gegensatz zu den Modellen von Hodgkin-Huxley und FitzHugh-Nagumo sind die künstlichen Neuronen basierend auf dem Leaky Integrate-and-Fire Modell (LIF) sehr einfach aufgebaut. Sie bieten die Besonderheit, dass sie nur auf Ereignisse reagieren, also eventbasiert funktionieren. Das macht sie zwar für manche Aufgaben, welche kontinuierliche Signale erfordern, ungeeignet, erlaubt aber bei anderen Aufgaben einen gezielten Einsatz und machen sie hier anderen Verfahren überlegen. Des Weiteren gibt es zwei unterschiedliche Varianten, welche sich über den dynamischen Schwellwert [10, 36] oder adaptiven Strom [27] sehr flexibel an die jeweiligen Aufgaben anpassen lassen.

Als Alternative bieten sich zusätzlich noch die Spike-Response-Modelle (SRM) an, welche einen guten Kompromiss aus Rechenzeit und wirklichkeitsgetreuer Nachbildung des biologischen Vorbilds bieten [58].

1.3.3. Reflexe

Nach [51] ist ein Reflex wie folgt definiert (Seite 635):

> "Unter Reflexen versteht man unbewusste, stets gleichbleibende
> Reaktionen des Organismus auf Reize, die das ZNS entweder
> aus der Umwelt oder aus dem Körperinneren erhält."

Am bekanntesten sind wohl der Patellasehnen- bzw. Kniesehnenreflex oder der Schluckreflex. Bei Kleinkindern treten jedoch noch eine Vielzahl weiterer Reflexe auf, welche mit der Zeit verschwinden. Beispiele hierfür sind der Greifreflex, bei welchem die Hand eines Säuglings zupackt, sobald etwas die Handfläche berührt oder wenn einem Säugling über die Wange gestrichen wird. Das Baby dreht als Reaktion den Kopf und versucht die Brust der Mutter zu finden, um zu trinken. Solche frühkindlichen Reflexe verschwinden allerdings nach einigen Monaten [170]. Ein anderes Beispiel sind Situationen bei denen der Arm aufgrund von Reizen wie Hitze oder einer Kollision zurück gezogen wird.

Interessant hierbei ist, dass bei Patienten, die im hohen Alter an neurologischen Erkrankungen wie z.B. Altersdemenz, Alzheimer oder der Creutzfeldt-Jakob-Krankheit leiden, frühkindliche Reflexe wieder zutage treten [128]. Das ist ein starkes Indiz dafür, dass solche Reflexe im Nervensystem fest eincodiert sind und nur von übergeordnetem Verhalten überlagert werden, jedoch nicht gelöscht werden. Das motiviert natürlich die Idee, solche fest einprogrammierten Verhaltensweisen auch für Roboter zu nutzen, um ein schnelles Reagieren auf externe Reize zu ermöglichen und den Planungsaufwand zu reduzieren.

Im Allgemeinen lässt sich ein Reflexmechanismus, auch Reflexbogen genannt, in mehrere Phasen unterteilen und wie folgt beschreiben [51, 143]:

- Rezeptoren werden durch einen Reiz angeregt.

- Afferente Nerven leiten das Aktivierungssignal zum ZNS.

- Interneuronen im ZNS erzeugen Reizantwortsignale.

- Efferente Nerven leiten die Antwortsignale zu den motorischen Einheiten.

- Reaktion auf Stimulus erfolgt abschließend.

Für die Robotik sind vor allem Reflexe interessant, welche die Einsatzsicherheit erhöhen oder die Abarbeitung von Aufgaben vereinfachen. Sicherheitsreflexe sind dabei solche, welche in erster Linie natürlich den Menschen, aber auch den Roboter bzw. die Objekte mit denen interagiert wird, vor Schaden schützen. Hierbei ist allerdings zu beachten, dass Reflexe Verhalten sind, die auf Stimuli reagieren und eine Prävention von kritischen Situationen oder Zuständen nicht ersetzen können. Ein mehrschichtiger Ansatz für den sicheren Einsatz von Robotern ist daher notwendig. Ein Ansatz besteht darin, die Zusammenhänge zwischen Objekten und assoziierten Handlungen als sogenannte Object-Action Complexes (OACs) in einem kognitiven System zu beschreiben [81].

Als konkrete Beispiele für Sicherheitsreflexe beim Roboter können sowohl der Stoßreflex (vor allem beim Arm), der Greifreflex der Hand, als auch der menschliche Dehnungsreflex (welcher auch bei der Gewichtskompensation eine Rolle spielt) angeführt werden [167]. Allerdings sind entsprechende Anpassungen an die gegebene Roboterarchitektur vorzunehmen, da eine direkte Übertragung von Reflexen nicht möglich ist. Wie der Name schon sagt, tritt der Stoßreflex bei unvorhergesehenem Kontakt mit Objekten auf und hat zur Folge, dass eine aktuell ausgeführte Bewegung gestoppt und die Extremität zurückgezogen wird. Der Greifreflex führt zum Schließen der Hand bzw. des Greifers, sobald ein Gegenstand die Handfläche berührt.

Der Patellasehnenreflex [51] gehört zur Gruppe der H-Reflexe. Dabei erkennen die Golgi-Tendon-Organe (diese befinden sich Verbindungsbereich von Muskel und Sehne) plötzliche Muskeldehnungen und lösen eine Kontraktion des Muskels durch den Reflex aus. Der Sinn liegt darin, eine Überbeanspruchung der Muskeln zu verhindern und beugt Verletzungen vor. Außerdem findet er beim Wechsel der einzelnen Gangphasen beim Gehen Anwendung, wenn sich die Muskeln im Oberschenkel beim Auftreten kurz dehnen. Ein weiterer Reflex, der beim Gehen eine Rolle spielt, ist der sogenannte Steigreflex, welcher zum Anheben des Beines führt, sobald die Fußsohle stimuliert wird.

1.3.4. Central Pattern Generator (CPG)

Bei den Central Pattern Generators (CPGs), zu deutsch "zentrale Mustergeneratoren", handelt es sich um die bereits weiter oben erwähnten neuronalen Strukturen, welche unabhängig vom motorischen Kortex im Gehirn zyklische Bewegungen erzeugen. Anfang des 20. Jahrhunderts wurde ihre Existenz durch Untersuchungen an decerebrierten Katzen untermauert. Das bedeutet, dass den Katzen das Rückenmark operativ vom Gehirn und verlängerten Rückenmark getrennt wurde. Trotz dieses Eingriffs waren die Tiere noch in der Lage, auf einem Laufband zu gehen, wenn auch nicht mehr wirklich robust gegenüber Störungen [29, 30]. Des Weiteren wird bei Rehabilitationsmaßnahmen von Paraplegikern [46, 47], also unvollständig querschnittsgelähmten Personen, durch gezielte Stimulationen eine deutliche Verbesserung der Bewegungsgenerierung beobachtet [129]. Die Ergebnisse werden auch durch weitere Forschungen gestützt, welche belegen, dass in Säugetieren solche neuronalen Strukturen bestehen und eine wichtige Rolle bei der Generierung von zyklischen Bewegungen spielen [47, 49].

Laut verschiedener Forschungen, wie sie z.B. Ijspeert in [67] zusammenfasst, ist die Generierung solch eines Rhythmus ohne sensorisches Feedback möglich. Für eine Anpassung der Frequenz oder Amplitude ist dann
aber sehr wohl ein Input erforderlich, wie z.B. auch bei den Versuchen mit
den Katzen sichtbar geworden ist [48]. Eine enge Kopplung zwischen CPGs
und Reflexen [139] liegt damit nahe. Abhängig von der Intensität der Stimulation ändern sich dann z.B. bei der Fortbewegung die Gangart und Geschwindigkeit Gehen-Trab-Galopp oder Gehen-Schwimmen beim Salaman-
der. Weitere Untersuchungen beschäftigen sich mit den Möglichkeiten von
CPGs, beeinträchtigte Beinbewegungen zu kompensieren [114].

Das Konzept der im zentralen Nervensystem angesiedelten CPGs wird in
der Robotik verwendet, um zyklische Beinbewegungen zu erzeugen [61]. Die
allgemeine Struktur eines CPG mit den entsprechenden assoziierten Bereichen wie Gehirn oder Reflexen wird in Abb. 1.13 dargestellt. Die Abbildung
ist in Schichten gegliedert, die der funktionalen Zuordnung der einzelnen Bereiche entsprechen. Ganz oben ist der Signalfluss aus dem Gehirn bzw. dem
motorischen Kortex des Gehirns dargestellt. Die efferenten Signale gehen in
den CPG, der in zwei Bereiche gegliedert werden kann, ein. Der erste Bereich, in dem die Signale vom Gehirn verarbeitet werden, ist der Teil für die
Generierung des Rhythmus (RG). Hier wird die Frequenz der Bewegungsmuster erzeugt. Direkt darunter ist der Teil für die Ausprägung der einzelnen
Bewegungen bzw. der konkreten Muskelaktivierung, die Mustergenerierung,
angesiedelt (PF). Die hier erzeugten Bewegungsmuster werden anschließend, sollten entsprechende Reize vorliegen, noch durch Reflexe angepasst
und dann an ein Netzwerk von Motoneuronen (MN) weitergeleitet, die wiederum dann die Muskelzellen direkt ansprechen. In der Abbildung ist der
eigentliche CPG, dessen Konzept die Grundlage der vorliegenden Arbeit bildet, durch eine gestrichelte Linie markiert. Die Zugehörigkeit der Neuronen
in Abb. 1.13 ist durch die entsprechenden Abkürzungen kenntlich gemacht.

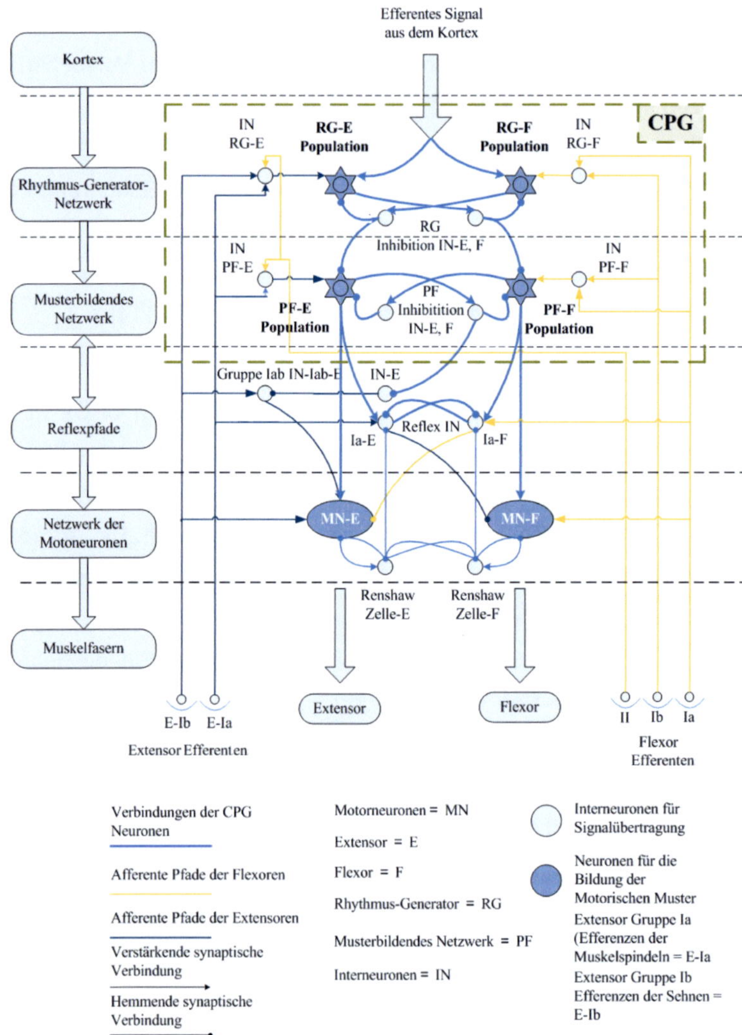

Abb. 1.13.: Struktur eines CPG [38]

Hierbei werden meist ein konnektionistisches Modell und gekoppelte Oszillatoren verwendet, sehr selten dagegen "spiking" neuronale Netze [68].

Einige interessante Eigenschaften, die CPGs für die Lokomotion nützlich machen sind:

- CPGs zeigen ein gutes Grenzzyklusverhalten.

- Sie sind gut geeignet für eine verteilte Implementierung.

- Sensorisches Feedback lässt sich gut integrieren.

Die Struktur eines CPGs (in Abb. 1.13 durch einen gestrichelten Rahmen markiert) lässt sich in zwei Schichten unterteilen. Die Unterscheidung erfolgt aufgrund ihrer Funktion. Die den Reflexen und Motoneuronen nähere Schicht ist für die Ausbildung des konkreten Bewegungsmusters verantwortlich. Hier werden auch von den Reflexen kommende (afferente) Signale berücksichtigt und die jeweiligen Motorsignale, welche an die Muskelfasern übermittelt werden, entsprechend angepasst. Darüber ist übergeordnet eine zweite Schicht, in welcher abhängig von der Ganggeschwindigkeit ein entsprechender Rhythmus generiert wird. Hier werden auch Vorgaben aus dem motorischen Kortex des Gehirns berücksichtigt und der Bewegungsrhythmus entsprechend generiert.

Da es sich bei CPGs um relativ umfangreiche neuronale Netze handelt, werden in der Robotik meist abstrahierte, an das Konzept der CPGs angelehnte, Künstliche Neuronale Netze eingesetzt [5]. Sehr bekannt hierbei sind unter anderem die nichtlinearen Oszillatoren von van der Pol [156] oder Matsuoka, welche aus mindestens zwei hemmend gekoppelten Neuronen aufgebaut sind [101, 102] (vgl. Abb. 1.14). c_1 und c_2 repräsentieren dabei den Input, y_1 und y_2 den Output der beiden Neuronen x_1 und x_2. Die Parameter β_1, β_2, μ_{12} und μ_{21} fungieren als Kantengewichte, über die sich das Verhalten der Neuronen und damit die Ausgabe y des gesamten Oszillators beeinflussen lässt.

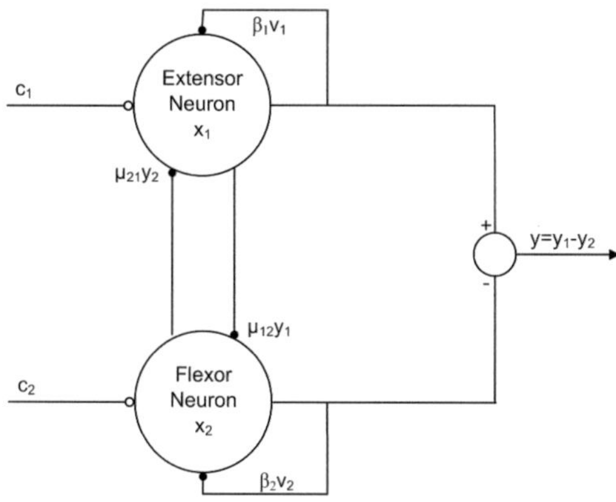

Abb. 1.14.: Matsuoka-Oszillator mit zwei inhibitorisch gekoppelten Neuronen

Linien mit gefüllten Kreisen an den Endpunkten stehen dabei für inhibitorische Verbindungen, Linien mit nicht gefüllten Kreisen (beim Input) für exzitatorische Verbindungen. Der letztgenannte Oszillator hat die Fähigkeit, durch Änderungen an den Einstellungen der Parameter in den vier Differentialgleichungen seiner zwei Neuronen sein Verhalten anzupassen [93, 153, 154]. Eine Umsetzung erfolgt durch die Verwendung geeigneter Algorithmen und mittels automatisierter Lernverfahren. Der Matsuoka-Oszillator kann auch als Basis für die Bewegungsgenerierung für zweibeinige Roboter verwendet werden [90].

Beispiele für den Einsatz von CPGs in der Robotik gibt es vielfältige. So werden Mustergeneratoren nach biologischem Vorbild vor allem bei vier- und sechsbeinigen Laufrobotern eingesetzt, um zyklische Beinbewegungen zu erzeugen [59, 70, 79, 89]. Ein weiteres Einsatzgebiet bietet sich bei schlangenähnlichen oder schwimmenden Robotern, deren Körper meist aus mehreren Segmenten bestehen. Die von CPGs generierten Muster werden hier verwendet, um den Körper wechselseitig entlang der Längsachse zu verbiegen und so das Schlagen einer Schwanzflosse beim Fisch, bzw. das Schlängeln einer Schlange nachzubilden [42,158]. Im Bereich der Humanoiden Robotik werden sie vor allem bei den, in Abschnitt 1.2.1 vorgestellten, passiv dynamischen Läufern eingesetzt [96,97,117,137].

1.3.5. Bipedale Lokomotion

Grundsätzlich lässt sich die Fortbewegungen mit Beinen in drei Arten unterteilen: Schritt, Trab und Galopp. Beim Menschen sind die entsprechenden Bewegungen Gehen, Laufen/Joggen und Rennen/Sprint. Die jeweiligen Gangarten unterscheiden sich im Wesentlichen im Zeitverhältnis zwischen Schwungphase und Bodenkontaktphase der Beine und in den Auftrittsflächen der Füße. Bei der Schwungphase wird das Bein nach vorne geschwungen, bei der Stemm- oder Bodenkontaktphase hat der Fuß Bodenkontakt und drückt den Körper in Bewegungsrichtung nach vorne. Je nach Geschwindigkeit wird zwischen Single-Support-Phase (ein Fuß hat Bodenkontakt) und Double-Support-Phase (beide Füße haben Bodenkontakt) beim Gehen und Single-Support-Phase und Flight- oder Flug-Phase, in der sich beide Füße beim Laufen oder Rennen in der Luft befinden, unterschieden.

Die Ereignisse, welche die unterschiedlichen Phasen voneinander trennen, sind Heel-Strike, wenn die Ferse nach der Schwungphase auf dem Boden aufsetzt, und Toe-Off, wenn nach der Stemmphase die Zehen des Fußes den Kontakt zum Boden verlieren. Hierbei gibt es jedoch unterschiedliche Methoden, nach denen die einzelnen Abschnitte eines Doppelschrittes in fünf bis sieben Einheiten unterteilt werden [162].

Die Unterteilung der einzelnen Phasen findet vor allem auch in der Bewegungsanalyse Anwendung. Für Sport- und Medizinwissenschaften ist sie ebenso von Bedeutung wie für die Erforschung und Entwicklung zweibeiniger Laufmaschinen bzw. humanoider Roboter. In der Medizin und vor allem in der Rehabilitation nach Amputationen oder Lähmungen gehören Verfahren zur Bewegungsanalyse mittlerweile zum Standard [92,164]. Sie werden aber auch verwendet, um den Gang von zweibeinigen Robotern zu analysieren und mit dem menschlichen Gang zu vergleichen [150].

1.3.6. Zusammenfassung der biologischen Konzepte

Die hier aufgeführten biologischen Konzepte, angefangen von der allgemeinen Signalübertragung in Neuronen, über Reflexe und die Erzeugung von Bewegungsmustern bis hin zum zweibeinigen Laufen spielen bei biologisch inspirierter Robotik eine wichtige Rolle. Der für die vorliegende Arbeit entscheidende Zusammenhang mit humanoiden Robotern besteht in der Erzeugung von Bewegungen. Die große Frage, die es zu klären gilt ist, ob sich diese biologischen Konzepte, über bisherige Einsatzgebiete hinaus, auf Roboter übertragen lassen und vor allem ob sich dadurch ein Mehrwert für die Entwicklung und den Einsatz solcher Maschinen ergibt.

1.4. Offene Probleme

In der Biologie bestehen vielseitige, redundante und einfach funktionierende Verhaltensweisen, um es Säugetieren zu ermöglichen, auf externe Störungen zu reagieren. Dabei haben sich verschiedene Konzepte durch die Evolution herausgebildet und auch bewährt. Es liegt daher nahe, zu untersuchen, inwieweit sich unterschiedliche Konzepte bei der Systemüberwachung und Bewegungsgenerierung von humanoiden Robotern nutzen lassen, welche Adaptionen für eine Nutzung notwendig sind und inwieweit ein Einsatz davon sinnvoll ist.

Bis jetzt existieren zwar diverse Ansätze, welche den einen oder anderen Aspekt der Bionik bzw. biologisch inspirierter Konzepte umsetzen. Allerdings beschränken sich die Arbeiten hierbei auf kleine Teilbereiche und es existieren noch keine ganzheitlichen Umsetzungen von Roboterarchitekturen oder Systemüberwachungen, die sich nah am biologischen Vorbild orientieren. Ein offenes Problem hierbei ist vor allem, wie die jeweiligen einzelnen Aspekte kombiniert und in bereits bestehende klassische Architekturen integriert werden können. Des Weiteren muss entschieden werden, in welchen Bereichen Verfahren nach Vorbildern aus der Biologie sinnvoll sind und bisherige klassisch technische Konzepte ersetzen bzw. verbessern können.

Zusätzlich dazu bieten die klassischen ingenieurtechnischen Ansätze auch Vorteile, welche mit einer ausschließlich biologischen Herangehensweise nicht nutzbar sind (z.B. Wiederholgenauigkeit, Messgenauigkeit, Geschwindigkeit).

Allgemein formuliert, gibt es aktuell keine klare Aussage, worin eine optimale Kombination aus biologisch inspirierten und klassisch technischen Ansätzen für die Entwicklung humanoider Roboter besteht.

In Anbetracht dessen stellen sich mehrere Fragen:

- Ist eine Kombination von rein technischen Lösungen und biologisch inspirierten Ansätzen sinnvoll?

- Lässt sich eine diskret-kontinuierliche Regelung nutzbringend durch Reflex-ähnliche Komponenten ergänzen?

- Lassen sich Künstliche Neuronale Netze, die einen zentralen Mustergenerator von Wirbelsäulen nachbilden, dazu nutzen, die Muskelaktivierungen der Beine beim menschlichen Gang nachzubilden?

- Sind Maschinen durch so erzeugte Bewegungsmuster in der Lage, vergleichbar zu beidseitig oberschenkelamputierten Personen, nur durch Aktoren in der Hüfte, gleichmäßige Gangmuster zu zeigen?

- Gibt es Kriterien, die die Definition einer optimalen Kombination aus biologisch inspirierten und technischen Ansätzen erlauben?

1.5. Zielsetzung der Arbeit

Die im vorangegangenen Abschnitt abschließend gestellten Fragen sollen in der vorliegenden Arbeit anhand konkreter Anwendungen untersucht werden.

Das Ziel der vorliegenden Dissertation besteht darin, ein neues Konzept für die Bewegungssynthese für humanoide Roboter zu entwickeln.

Für die Bewegungssynthese werden biologisch inspirierte Verhaltensweisen technisch umgesetzt und in ein bestehendes System integriert. Zielsetzung ist es zu zeigen, dass es sinnvoll ist, solch einen hybriden Ansatz aus technischen und biologisch inspirierten Verfahren zu verwenden, um die Funktionalität und Sicherheit eines humanoiden Roboters zu erhöhen.

Als konkrete biologische Konzepte, welche umgesetzt werden sollen, werden zum Einen Reflexe, zum Anderen CPGs gewählt. Ein Grund dafür ist, dass Reflexe beim Menschen sehr gut erforscht sind und einen klaren Nutzen für die humanoide Robotik bringen, indem dem Roboter ein wichtiger Mechanismus zur Reaktion auf unvorhergesehene Störungen zur Verfügung gestellt wird. Außerdem bieten Reflexe den Vorteil, dass ihre schnellen Reaktionen keinerlei Planung erfordern. In einer Roboterarchitektur, welche üblicherweise aus mehreren Ebenen mit absteigender Komplexität (vom Benutzer absteigend bis zur Hardwareansteuerung) besteht, sind solche Reflexe auf einer niedrigen Ebene anzusiedeln. Eine Kommunikation mit den höheren Ebenen, in welchen sich die Benutzerschnittstellen und rechenintensiven kognitiven bzw. planenden Mechanismen befinden, kann hierdurch auf ein Minimum reduziert werden. Dadurch wird der notwendige Rechenaufwand reduziert und dem Roboter ermöglicht, schnelle Reaktionen auszuführen, was einen wesentlichen Punkt in der Sicherheitsstrategie eines humanoiden Roboters darstellt.

CPGs wurden deswegen gewählt, weil sie bereits bei passiv dynamischen Läufern zum Teil zur Anwendung kommen. Es gibt allerdings sehr viele verschiedene Ansätze, solche CPGs umzusetzen und sie werden noch kaum auf humanoiden Robotern verwendet, um Gangbewegungen zu erzeugen. Ebenso wie bei den Reflexen wird hierbei die Integration auf einer niedrigen Roboterebene angestrebt, um mit möglichst wenig Planungs- und Rechenaufwand Bewegungen generieren zu können. Die erzeugten Bewegungen sollen während des Betriebs nur noch an die Gegebenheiten angepasst werden.

Diese beiden biologischen Konzepte werden in die, in der Dissertation von Arne Lehmann [86] erstellte, Systemüberwachung aus hierarchischen Petri-Netzen integriert und anschließend auf einem Demonstrator des SFB experimentell erprobt.

Dazu sind die folgenden wissenschaftlichen Teilziele notwendig:

1. Aufbau einer Reflexarchitektur, die sowohl einzelne Reflexe als auch Abhängigkeiten zwischen Reflexen abbildet.

2. Integration der Reflexarchitektur in ein bestehendes Überwachungskonzept.

3. Realisierung eines neuen Systems zur Analyse und Synthese von Roboterbewegungen.

4. Simulation und experimentelle Erprobung bzgl. der Leistungsfähigkeit des entwickelten, auf CPGs basierenden, Systems.

Hierfür werden in Kapitel 2 die technische Umsetzung von verschiedenen, aus der Biologie bekannten, Reflexen dargestellt und im Anschluss daran in Kapitel 3 dies entsprechend für die CPGs erläutert. Die Beschreibung der

Integration in ein Gesamtsystem, ebenso wie die des Demonstrators und der Experimente folgt zusammen mit deren Auswertung in Kapitel 4. Die Arbeit schließt mit einer Zusammenfassung sowie einem Ausblick in Kapitel 5.

2. Neue Reflexarchitektur für humanoide Roboter

Im nun folgenden Kapitel wird die neu entwickelte Reflexarchitektur vorgestellt, wobei zuerst das Konzept im Allgemeinen erklärt und anschließend detailliert auf die Umsetzung für einen Roboterarm eingegangen wird.

Der erste Abschnitt dient der Definition der Anforderungen, die das neue Reflexsystem erfüllen muss.

Weiter wird dann das entwickelte Reflexmodul in Abschnitt 2.2 vorgestellt, gefolgt von der konkreten Anwendung mittels spezialisierter Reflexe unterschiedlichen Typs in Abschnitt 2.3, welche auf vorher vorgestellten Modulen basieren (Abschnitt 2.4).

Dem Umstand, dass Reflexe auch Abhängigkeiten untereinander aufweisen können, wird in Abschnitt 2.5 Rechnung getragen und gezeigt, dass mit dem neu entwickelten Reflexmodul auch der Aufbau von komplexeren Reflexsystemen, welche vergleichbare Abhängigkeiten berücksichtigen, möglich ist.

Zusätzlich dazu wird der Roboter in die Lage versetzt, durch Anpassung der Schwellwerte zur Laufzeit, aktiv das Reflexverhalten aufgabenspezifisch anzupassen.

Die Integration des neuen Reflexsystems in ein Gesamtsystem zur Systemüberwachung wird in Abschnitt 2.6 erläutert. Dabei basiert die Systemüberwachung auf hierarchischen Petri-Netzen, welche für die Integration der Reflexe ergänzt und angepasst wurden.

Abschließend wird das komplette System im Einsatz auf einem Roboter erprobt (Abschnitt 2.7).

2.1. Anforderungen an eine Reflexarchitektur und geplante Umsetzung

Als Vorbild für das neue Konzept dienten die menschlichen Reflexe, welche schnelle Reaktionen auf Reize ermöglichen, ohne ein bewusstes Handeln oder gar eine Planung zu erfordern. Im Hinblick auf die Sicherheit eines humanoiden Roboters, welcher sich zusammen mit Menschen in einer gemeinsam genutzten Umgebung bewegt und mit seinen Benutzern interagieren soll, bietet ein solches Reaktionsverhalten mehrere Vorteile.

Zum Einen sind Reflexe permanent im Hintergrund aktiv und können bei Störungen sehr schnell Reaktionen auslösen. Zum Anderen erfordern ihre Reaktionen - wie bereits erwähnt - keinerlei Planung, sondern bestehen aus einfachen, stereotypen Handlungen, welche fest vorgegeben werden können. Ein Beispiel ist hier das Zurückzucken eines Arms, der unvorhergesehen mit einem Hindernis kollidiert. Außerdem bilden Reflexe eine logische Erweiterung für eine Systemüberwachung, da sie die Lücke zwischen Überwachung und Störungsbehandlung schließen. Des Weiteren setzen sie die Philosophie um, einen Roboter mit möglichst menschenähnlichem Verhalten zu bauen.

Eine weitere sehr nützliche Eigenschaft von Reflexen ist deren Fähigkeit, sich an wiederholt auftretende Reize zu gewöhnen, was hier erstmals für den Einsatz auf einem humanoiden Roboter zur Anwendung gebracht wird.

Wichtigstes Kriterium bei der Erstellung künstlicher Reflexe für Roboter ist natürlich das biologische Vorbild. Hier spielen die Reaktionszeiten die herausragendste Rolle, welche beim Menschen, je nach Reflex, zwischen 20 und $150\,ms$ liegen. Die Zahlen unterscheiden sich dabei stark, von $20-50\,ms$

für Eigenreflexe bis zu $70 - 150\,ms$ für Fremdreflexe [51]. Unter Eigenreflexen werden dabei Reflexe verstanden, bei denen afferente und efferente Neuronen nur über eine Synapse verschaltet sind und sich sowohl Rezeptor als auch Effektor im selben Organ befinden. Ein Beispiel dafür ist der Patellasehnenreflex. Der Reflexbogen bei Fremdreflexen hingegen erstreckt sich über mehrere beteiligte Neuronen und Synapsen und kann auch benachbarte Bereiche im Nervensystem mit einbeziehen [51].

Reaktionszeiten in diesem Zeitfenster sollen auch beim Roboter erreicht werden, da z.B. bei Kollisionen eine längere Reaktionszeit die Schutzfunktion des Reflexes zunichte macht. Gleiches gilt auch für einen Schlupfreflex, welcher das Entgleiten gegriffener Gegenstände verhindern soll.

Ein zweites wichtiges Kriterium für solche Reflexe ist die Art der ausgelösten Reaktion, welche für die jeweilige Situation praktikabel und möglichst einfach sein sollte. Erfolg kann hier klar definiert werden als Reaktion auf eine Störung, welche die Situation behandelt, ohne dass Schaden entstanden ist bzw. um den Schaden zumindest einzudämmen.

Je nach Einsatzgebiet und Ausstattung eines Roboters mit Aktuatoren und Sensoren unterscheiden sich auch die Möglichkeiten bzw. der Bedarf an Reflexen. Daher wurde entschieden, das Reflexsystem so zu entwickeln, dass die Grundstruktur möglichst allgemein aufgebaut ist. Das neu entwickelte Reflexmodul ist dabei so konzipiert, dass es flexibel an die Anforderungen und Gegebenheiten, was Sensoren und erforderliche Reaktionen auf Störungen anbelangt, angepasst werden kann.

2.2. Auswahl der neuronalen Struktur für das Reflexmodul

Der Trend in der Forschung an humanoiden Robotern geht weg von hochspezialisierten Robotern zu solchen, die möglichst flexibel vielfältige Aufgaben erledigen können. Darum soll auch bei den neu entwickelten Reflexen die Idee der Flexibilität als Grundlage dienen, indem das entwickelte Reflexmodul sehr vielseitig einsetzbar ist. Je nach Aufgabe, Infrastruktur und Anforderungen kann es entsprechend angepasst werden [18, 168].

Als Grundstruktur für ein allgemeines Reflexmodul wurde das bekannte Leaky-Integrate-and-Fire (LIF) Neuronenmodell gewählt [52], welches im Gegensatz zur Programmierung mit If-Then-Else Abfragen mit manuell gesetzten Schwellwerten eine deutlich höhere Flexibilität bietet und den Weg der biologisch inspirierten Umsetzung konsequent fortsetzt. Zusätzlich dazu ist die bereits erwähnte Gewöhnung an wiederholt auftretende Reize in den verwendeten modifizierten Neuronenmodellen von vornherein enthalten und muss nicht explizit ergänzt werden, wie es bei klassischen If-Then-Else Abfragen der Fall ist.

Grundsätzlich lässt sich die Struktur eines Neurons nach dem LIF-Modell als Stromkreis beschreiben, welcher aus einer Kapazität C und einem Widerstand R besteht, die parallel verschaltet sind [58]. Als "Leakage Integrator" wird das Produkt aus R und C zu $\tau_m = RC$ bezeichnet. Das Neuron i wird mit dem externen Strom $I_i(t)$ als Input angeregt, wobei τ_m als Zeitkonstante fungiert.

Daraus folgt für nichtlineare Modelle [168]:

$$\tau_m \frac{du_i}{dt} = F(u_i) + R_G(u_i)I_i(t) \qquad \text{für alle } i. \tag{2.1}$$

Der von der Spannung abhängige Widerstand wird durch $R_G(u)$ dargestellt und $F(u)$ steht für die nichtlineare Funktion des Membranpotentials u_i, wobei beide Funktionen indirekt von der Zeit abhängen, da sich die Spannung über die Zeit ändern kann. Da Neuronen meist in Netzen organisiert sind, was neben der Stimulation von außen auch eine Anregung von benachbarten Neuronen beinhaltet, ist eine Simulation der synaptischen Verbindungen notwendig. Die synaptischen Ströme $I_i(t)$ mit dem Schwellwert $v(t)$ werden daher mathematisch wie folgt dargestellt [168]:

$$I_i(t) = \sum_j w_{ij} \sum_f \alpha(t - t_j^{(f)}) \qquad \text{mit } t_j^{(f)} : u(t_j^{(f)}) \geq v(t_j^{(f)}). \tag{2.2}$$

Wie bei klassischen Künstlichen Neuronalen Netzen werden auch hier die synaptischen Verbindungen zwischen einzelnen Neuronen mit w_{ij} gewichtet. Dabei bezeichnet $t_j^{(f)}$ den Zeitpunkt der letzten Aktivierung des präsynaptischen Neurons j, wobei dann auch das postsynaptische Neuron i ebenfalls einen Strom registriert. Der Strom $\alpha(t - t_j^{(f)})$ wird entsprechend der folgenden Gleichung, in Abhängigkeit von der zeitlich veränderlichen Leitfähigkeit $g(t - t_j^{(f)})$, berechnet [168]:

$$\alpha(t - t_j^{(f)}) = -g(t - t_j^{(f)})(u_i(t) - E_{syn,ij}). \tag{2.3}$$

Da unterschiedliche Arten von Synapsen existieren, hängt das Umkehrpotential $E_{syn,ij}$ vom verwendeten Typ ab. Für erregende Synapsen ist es deutlich höher als das Resetpotential. α wird positiv falls $u_i(t) < E_{syn,ij}$, was mit einer positiven präsynaptischen Spannung einhergeht und zu einem Anstieg des Membranpotentials führt. Je höher diese Spannung ist, desto niedriger ist die Amplitude des Inputs. Im Falle der hemmenden Synapsen liegt das Umkehrpotential deutlich näher am Resetpotential, was dazu führt, dass bei Eintreffen eines Aktionspotentials das Membranpotential zum Umkehrpotential hin verschoben wird. Das bedeutet, dass der hemmende Input nur geringen Einfluss auf das Membranpotential eines gerade zurückgesetzten Neurons hat. Im Gegensatz dazu führt ein, im Vergleich zum Resetpotential, deutlich höheres Membranpotential zu einer starken Hemmung.

Ein LIF-Neuron lässt sich auch implizit über die Form des Aktionspotentials beschreiben, indem Spikes nun als Feuerereignis bezeichnet werden und der Schwellwert den Zeitpunkt des Feuerns repräsentiert [168]:

$$t_i^{(f)} : \quad u_i(t_i^{(f)}) = \vartheta \qquad \text{mit } v(t) = const = \vartheta. \tag{2.4}$$

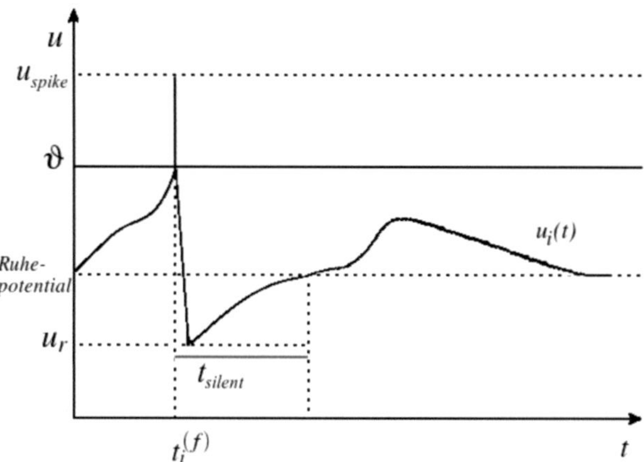

Abb. 2.1.: Veranschaulichung des Leaky-Integrate-and-Fire-Models (modifiziert nach [168])

Dabei fällt das Membranpotential nach dem Zeitpunkt $t^{(f)}$ auf den neuen Wert $u_r < \vartheta$. u_r steht dabei für das Resetpotential:

$$\lim_{t \to t(f); t > t(f)} u_i(t) = u_r. \tag{2.5}$$

Die Phase in der künstliche Neuronen nach einer Aktivierung für eine bestimmte Zeit t_{silent} in Ruhe verbleiben, wird als Refraktärphase bzw. Refraktärzeit bezeichnet. Eine Aktivierung ist hier nicht möglich, der Input $I(t)$ wird unterdrückt und das Membranpotential konvergiert zu 0 (siehe Abb. 2.1).

Das ist der Fall, wenn kurz nach der Aktivierung das Potential auf das Resetpotential fällt und dann zum Nullpunkt konvergiert, während Inputsignale weiterhin ankommen. Die beschriebene Unterdrückung findet wie folgt Eingang in die Berechnungen [168]:

$$\tau_m \frac{du_i}{dt} = -u_i(t). \tag{2.6}$$

Damit kann das Membranpotential für reguläre LIF-Neuronen komplett beschrieben werden:

$$u_i(t) = \begin{cases} \vartheta & \text{für } t = t_i^{(f)}; \\ u_{spike} & \text{für } t = t_i^{(f)} + \varepsilon,\ \varepsilon \to 0; \\ (2.6) & \text{für } t \in [t_i^{(f)}, t_i^{(f)} + t_{silent}]; \\ (2.1) & \text{für } t > t_i^{(f)} + t_{silent}. \end{cases} \tag{2.7}$$

In Abb. 2.1 ist beispielhaft ein Potentialverlauf des LIF-Models dargestellt. Direkt nachdem das Membranpotential $u_i(t)$ zum Zeitpunkt $t = t_i^{(f)}$ den Schwellwert ϑ erreicht hat, springt es auf das Spike- bzw. Aktionspotential u_{spike}, das Neuron feuert. Hierbei ist eine der wichtigsten Eigenschaften der LIF-Neuronen die Fähigkeit, sich dynamisch anzupassen, wobei die Intervalle zwischen Aktivierung und der Weiterleitung von Informationen von den Verhältnissen der Spikes zueinander abhängen [36].

Nachdem das Neuron gefeuert hat, fällt das Membranpotential auf das Resetpotential u_r zurück und steigt von da aus, nach Ablauf der absoluten Refraktärzeit t_{silent}, wieder zum Ruhepotential an. In der absoluten Refraktärzeit ist keine erneute Aktivierung des Neurons möglich. Danach, bis zu dem Zeitpunkt, wenn das Ruhepotential erreicht ist, ist eine Aktivierung des Neurons erschwert, da zusätzlich zur Differenz von Ruhepotential zu Schwellwert noch der Abstand von aktuellem Potential zum Ruhepotential überbrückt werden muss, um den Schwellwert zu erreichen.

Um den Einsatzbereich des Reflexmoduls zu erweitern und eine flexiblere Anpassung auf die Anforderungen zu ermöglichen, werden zwei verschiedene Spezialisierungen des LIF-Models verwendet. Zum Einen eine Variante mit einem dynamischen Schwellwert [10, 36], zum Anderen ein LIF-Modell mit adaptivem Strom [27]. Anpassungen nach [20] ermöglichen durch Beeinflussung der Spike-Frequenzen einen weiteren Performancegewinn im Hinblick auf die Reaktionszeiten nach menschlichem Vorbild. Im Folgenden werden drei Varianten betrachtet:

- **Variante 1:** Leaky-Integrate-and-Fire-Model mit dynamischem Schwellwert

Das LIF-Modell mit dynamischem Schwellwert berücksichtigt, dass das Membranpotential ebenso wie der Schwellwert sich mit der Zeit verändern. Die Änderung des Schwellwertes wird dabei an das Feuersignal u_{spike} gekoppelt, um die Abhängigkeit bzgl. der Häufigkeit der Aktivierungen abzubilden.

Eine einfache Möglichkeit zur Modellierung besteht darin, den Schwellwert (mit Zeitkonstante τ_v) während der Aktivierung des Neurons anzupassen, vergleichbar zum Membranpotential $u(t)$ in (2.1). Dabei steht $u_f(t)$ für das Membranpotential kurz bevor der Spike ausgelöst wird:

$$\tau_v \frac{dv_i}{dt} = -(v_i(t) - v_0) + u_f(t). \tag{2.8}$$

Sollte das Neuron den Schwellwert $v(t)$ zum Zeitpunkt $t = t_i^{(f)}$ erreichen, ändert sich die Berechnung des Membranpotentials u_i entsprechend mit Dirac Impuls $\delta(t)$:

$$v(t) = \begin{cases} (2.8) \text{ mit } u_f = u_{spike} \cdot \delta(t) & t = t_i^{(f)}; \\ (2.8) \text{ mit } u_f = 0 & \text{sonst.} \end{cases} \tag{2.9}$$

In Abb. 2.2 ist ein Potential des LIF-Neurons mit dynamischem Schwellwert abgebildet. Es ist zu sehen, wie der Schwellwert immer mehr ansteigt, umso häufiger Aktivierungen des Neurons eintreffen (oberer Graph in Abb. 2.2). Die häufige Aktivierung erschwert zusehends das Erreichen des Schwellwertes, was das Auslösen des Aktivierungssignals (unterer Graph in Abb. 2.2) bei Erreichen des Schwellwertes direkt beeinflusst. Hiermit lässt sich eine "Gewöhnung" an schnell hintereinander auftretende Reize erreichen, was auch beim Menschen in bestimmten Situationen auftritt, z.B. bei Ermüdung oder Konditionierungen.

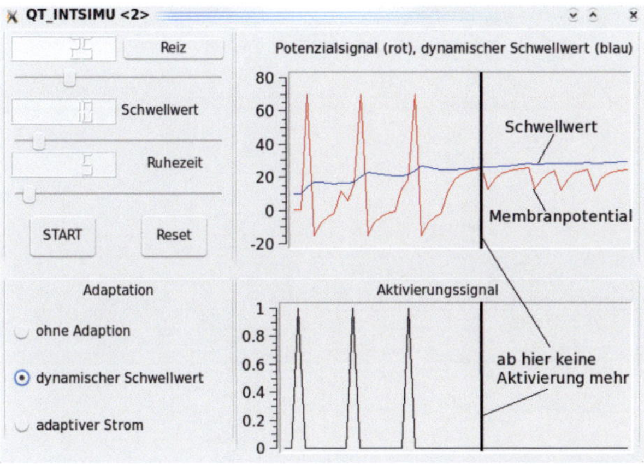

Abb. 2.2.: Grafische Benutzeroberfläche für die Aktivierung mit dynamischem Schwellwert (nach Gleichung (2.8)) [168]

Das in Abb. 2.2 dargestellte Grafische User Interface (GUI) diente als Frontend für die ersten simulativen Erprobungen der verschiedenen implementierten Varianten des LIF-Modells.

- **Variante 2:** Leaky-Integrate-and-Fire-Model mit modifiziertem dynamischem Schwellwert

Wenn der Schwellwert mit dem Eingangssignal $I(t)$ und nicht mit dem Aktivierungssignal $u_f(t)$ angepasst wird, wird das Membranpotential $u_i(t)$ während der Refraktärphase entsprechend Gleichung (2.1) und der Schwellwert $v(t)$ nach (2.8) mit $u_f = R_G(u)I(t)$ berechnet. Wird der Schwellwert $v(t)$ mit dem Eingangssignal $I(t)$ verknüpft, so beschreiben τ_m und τ_v die Zeitabhängigkeiten des Membranpotentials und des Schwellwertes [168]. Bei einem konstanten Wert I des Eingangssignals $I(t)$ lässt sich das Membranpotential $u(t)$ über F^{-1} berechnen und konvergiert zu $R_G I$ und der Schwellwert $v(t)$ zu $R_G I + v_0 > R_G I$ weil der Nullpunkt des Schwellwertes größer als Null ist.

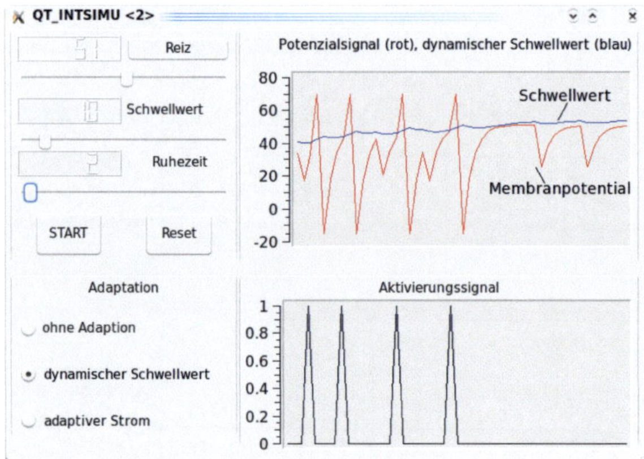

Abb. 2.3.: Grafische Benutzeroberfläche für die Aktivierung mit modifiziertem dynamischem Schwellwert [168]

Damit wird dem Neuron ermöglicht, Aktivierungen nach einem bestimmten Zeitraum konstanter Eingabesignale zu unterdrücken. Allerdings ist ein Problem dabei, dass das Membranpotential bei zu starken Eingangssignalen zu oszillieren beginnen kann. In solch einem Fall versagt das Unterdrücken aufgrund der Abhängigkeit zwischen Aktivierungspotential und Resetpotential (zu sehen in Abb. 2.3). Durch den Einsatz eines Signalpuffers, der z.B. die Eingangssignale auf einen Maximalwert beschränkt, lässt sich so ein Auftreten von Oszillationen aber verhindern.

- **Variante 3:** Leaky-Integrate-and-Fire-Model mit adaptivem Strom

Im Vergleich zum Leaky-Integrate-and-Fire-Model mit dynamischem Schwellwert wird in dieser Variante des LIF-Neurons der Schwellwert des Membranpotentials konstant gehalten. Der Input für die Adaption des Stroms wird mit dem Eingangssignal $I(t)$ überlagert, was zu einer Anpassung (Erhöhung oder Verringerung) des Membranpotentials führt:

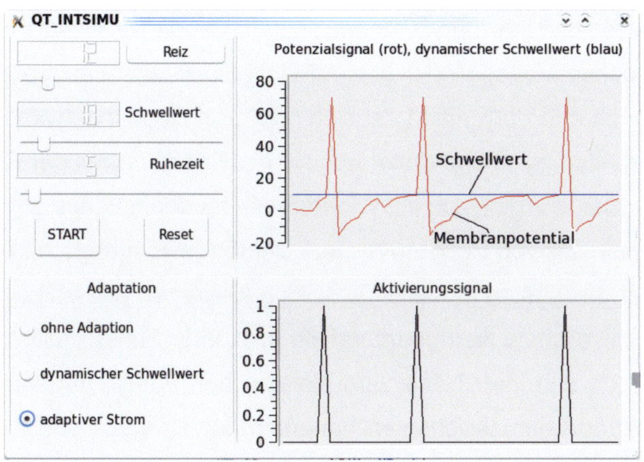

Abb. 2.4.: Grafische Benutzeroberfläche für die Aktivierung mit adaptivem Strom [168]

$$\tau_m \frac{du}{dt} = -u(t) + R_1 \cdot (I(t) - A(t)); \qquad (2.10)$$

$$\tau_A \frac{dA}{dt} = -A(t) + u_f(t). \qquad (2.11)$$

$A(t)$ fungiert als Adaptionsvariable. Wie in Abb. 2.4 zu sehen unterscheidet sich das Verhalten des Membranpotentials damit deutlich von denen der Varianten 1 und 2.

Durch die beschriebene Möglichkeit, die LIF-Neuronen über wenige Parameter anzupassen, ist es möglich, auch während der Laufzeit, Veränderungen am Reflexverhalten vorzunehmen. Dadurch wird den höheren kognitiven Ebenen des Roboters, wie z.B. der Aufgabenplanung oder der Systemüberwachung die Möglichkeit gegeben, die Empfindlichkeit der Reflexe im Betrieb aufgabenspezifisch anzupassen, z.B. wenn ein Objekt gegriffen werden soll, um die dabei entstehenden Berührungen nicht als Kollisionen falsch zu verstehen oder dass beim Übergeben eines Gegenstandes eine Bewegung des Objekts im Greifer nicht als Rutschen interpretiert wird.

Neben dem geringen Rechenaufwand bei der Auswertung der Eingangssignale bietet der LIF-Neuronentyp den Vorteil, dass über Anpassungen von

Schwellwerten und internen Strömen ein sehr vielfältiger Einsatz möglich ist. Spike-Response-Modelle oder gar auf Hodgkin-Huxley basierende künstliche Neuronen erfordern einen deutlich größeren Rechenaufwand, was sich in der Bearbeitungszeit und daher auch in der Reaktionszeit der Reflexe niederschlägt. Damit ergibt sich ein Widerspruch zu den anfangs gestellten Kriterien zum Einsatz von Roboterreflexen. Deutlich wird das auch in einer Auswertung der gängigsten Modelle für Spiking-Neuronen von Izhikevich [68], in der unterschiedlichste Neuronenmodelle bzgl. ihrer Funktionalität, ihres Rechenaufwands und ihrer Nähe zum biologischen Vorbild gegenübergestellt werden. Die dort berücksichtigten Varianten des Integrate-and-Fire-Modells (mit und ohne Anpassungen im Strom oder Schwellwert) benötigen je nach Variante 5 bis 13 FLOPS (Floating Point Operations). Für den Einsatz als Reflex bieten sie dabei aber dennoch die notwendige Funktionalität wie z.B. Anpassung der Feuerfrequenz. Im Vergleich zum Hodgkin-Huxley-Modell (1200 FLOPS) bieten sie einen signifikanten Vorteil bzgl. des Rechenaufwands. Erkauft wird das durch eine größere Abstraktion vom biologischen Vorbild, was jedoch zu vertreten ist, da die gewünschte Funktionalität dennoch erreicht wird.

Ein weiterer Vorteil der LIF-Neuronen ist, dass sie im Gegensatz zu klassischen Künstlichen Neuronalen Netzen ereignisbasiert feuern. Sie brauchen also keinen Zyklus, in dem das komplette neuronale Netz regelmäßig ausgewertet wird, sondern reagieren entsprechend vorhandenen Eingangssignalen. Auf Rechnern, die mit einer bestimmten Taktfrequenz arbeiten, bedeutet das, dass zwar die Eingangswerte der Neuronen ausgewertet werden müssen, aber nicht das komplette Netz in jedem Zyklus neu ausgewertet werden muss.

Das wird beim bereits erwähnten geringen Rechenaufwand der LIF-Neuronen deutlich und prädestiniert diesen Neuronentyp deshalb für Refle-

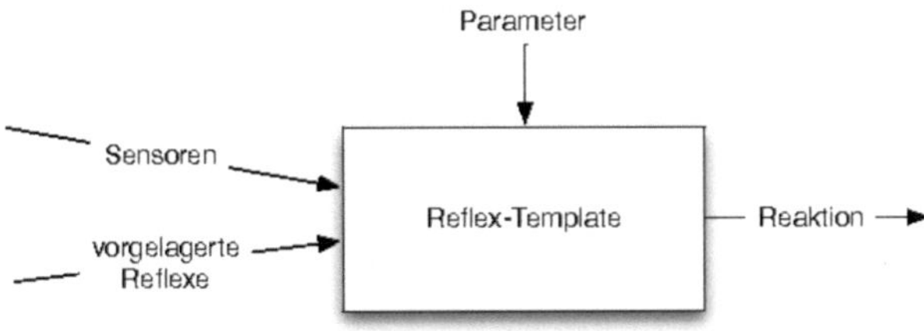

Abb. 2.5.: Allgemeines, für die vorliegende Aufgabenstellung entwickeltes, Reflextemplate mit definierten Ein- und Ausgängen

xe. Vor allem deswegen, weil diese Reflexe permanent im Hintergrund aktiv sein sollen.

Da als Zielsystem ein Roboter vorgesehen ist, der nach einem bestimmten Takt Sensoren ausliest und Signale verarbeitet, ist es notwendig, dass die Implementierung zeitdiskret erfolgt. Die ereignisbasierte Aktivierung der Neuronen ist ein Vorteil der LIF, welcher auch bei der Implementierung zum Tragen kommt.

Das Neue an dem für die Aufgabenstellung erstellten und im weiteren Verlauf näher erläuterten Template für die Umsetzung von Roboterreflexen ist, dass es den Aufbau von komplexen Reflexnetzwerken durch seinen einheitlichen Aufbau unterstützt (Abb. 2.5). Aufgrund der definierten Schnittstellen für Sensoreingänge, Parameteranpassung und entsprechende Ausgänge nach Auslösung des Reflexes können mehrere der entwickelten allgemeinen Templates leicht zu einer Netzstruktur aufgebaut werden. Die vernetzten Templates sind auch in der Lage, die realen Abhängigkeiten von Reflexen widerzuspiegeln. Durch Anpassung der Parameter, z.B. für die dynamische Adaption des Schwellwertes, kann jedes Reflextemplate für bestimmte Reflextypen spezialisiert und mit einer eigens entwickelten Simulationsumgebung getestet werden (Abb. 2.2). Diese spezialisierten Reflextemplates lassen sich dann, entsprechend der Anforderungen, zu einem Reflexnetzwerk verbinden. Im folgenden Abschnitt wird auf die jeweiligen Ausprägungen der unterschiedlichen Reflextypen genauer eingegangen.

2.3. Reflextypen

Für den konkreten Einsatz von Reflexen ist vor allem die Ausstattung des Systems mit Sensoren relevant, da ein Reflex nur dann ausgelöst werden kann, wenn eine Störung erkannt wird. Ebenso muss analysiert werden, welches Aufgabenspektrum der Roboter umfasst und mit welchen Störungen zu rechnen ist. Der Schwerpunkt im SFB-588 lag auf Manipulationsaufgaben und der Kooperation mit einem menschlichen Benutzer. Es geht also im Wesentlichen um das erfolgreiche Greifen und sichere Halten von Objekten.

Zusätzlich kommt noch hinzu, dass sich der Roboter im gleichen Umfeld bewegt wie sein Benutzer und daher Kollisionen nicht ausgeschlossen werden können. Ein wesentlicher Sicherheitsaspekt ist daher, dass der Roboter in der Lage ist, Kollisionen zu vermeiden und falls dennoch eine ungewollte Kollision auftritt, darauf in angemessener Zeit entsprechend reagieren kann.

Für solch einen konkreten Aufgabenraum lassen sich mehrere Reflexe identifizieren. Am offensichtlichsten ist dabei wohl der *Stoßreflex*, welcher bei unvorhergesehenen Störungen der Bewegung durch eine Kollision schnell reagieren muss, um Schäden an sich und seiner Umgebung zu verhindern. Neben der schnellen Erkennung der Kollision schließt das auch einen sofortigen Stopp der aktuell ausgeführten Bewegung und gegebenenfalls ein kurzes Zurückziehen bzw. Ausweichen des Roboterarms mit ein.

Beim Greifen von Objekten treten zwar auch Berührungen mit Objekten auf, z.B. wenn der Greifer sich um einen Gegenstand schließt. So eine "Kollision" ist aber gewollt und muss demnach bei der Umsetzung eines Stoßreflexes berücksichtigt werden, so dass sie nicht mit wirklichen Kollisionen, welche den Reflex auslösen sollen, verwechselt wird.

Zwei weitere Reflexe, die beim Greifen zum Tragen kommen, sind der *Greifreflex* und der *Schlupfreflex*. Letzterer ist allerdings nur nach erfolgreichem Greifvorgang relevant, da er verhindert, dass ein Objekt aus dem Griff rutscht.

Die genannten drei Reflexe wurden aus mehreren Gründen für die weitere Umsetzung gewählt. Zum Einen bestehen zwischen zwei Reflexen (Schlupf- und Greifreflex) Abhängigkeiten, welche mit dem neuen System berücksichtigt werden können. Des Weiteren erfüllen der Stoß- und der Schlupfreflex die Voraussetzungen für sicherheitsrelevante Reflexe, was mit harten Kriterien für die Reaktionszeiten einhergeht. Schlussendlich waren auch die Hardwarevoraussetzungen gegeben, um die Integration der Reflexe in ein Robotersystem experimentell zu erproben (siehe Abschnitt 2.7).

Im Folgenden wird nun die Umsetzung der beschriebenen drei Reflexe dargestellt, um exemplarisch die Funktionalität des im Abschnitt 2.2 vorgestellten allgemeinen Reflexmoduls zu zeigen.

2.4. Spezialisierte Reflexe

Das in Abschnitt 2.2 vorgestellte allgemeine Reflexmodul wurde verwendet, um die drei ausgewählten Reflexe für Stöße, Greifen und Schlupf zu implementieren (siehe Abschnitt 2.3).

Als relevante Unterschiede zwischen den einzelnen Reflexen lassen sich drei wesentlichen Punkte identifizieren:

- Reaktionszeit

- Reaktionsverhalten

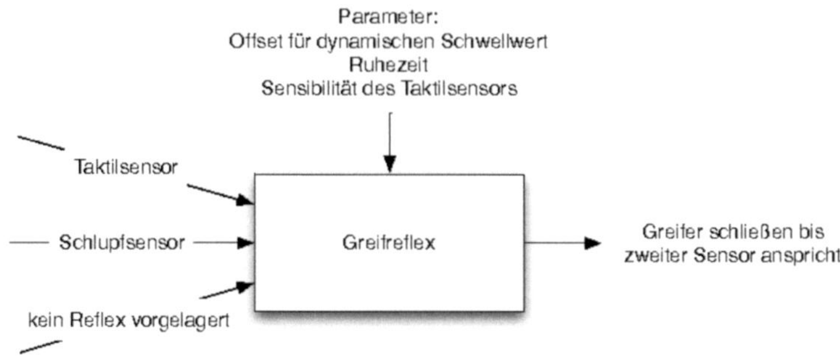

Abb. 2.6.: Reflex-Template angepasst auf den Greifreflex

- Einschränkungen.

Auf die Implementierung der einzelnen Reflexe unter Berücksichtigung der genannten Unterschiede wird nun im Folgenden konkret eingegangen.

Wie der Name schon sagt, ist der **Greifreflex** für das automatische Greifen von Gegenständen verantwortlich. Hierbei wird rein sensorgestützt, basierend auf lokalen Sensoren, z.B. taktilen Sensoren oder einem Schlupfsensor, gegriffen und auf eine vorherige Greifplanung verzichtet. Das im vorherigen Abschnitt entwickelte Reflex-Template auf den Greifreflex angewendet ist in Abb. 2.6 zu sehen. Vorgelagert ist dem Reflex kein weiterer, er verwendet jedoch zwei verschiedene Arten von Sensordaten. Über die Parameter können wie bei allen anderen Reflexen auch der dynamische Schwellwert für die Neuronen sowie die Ruhezeit eingestellt werden. Zusätzlich dazu lässt sich die Sensibilität des taktilen Sensors anpassen. Wird der Reflex ausgelöst, erfolgt als Reaktion ein Schließen des Greifers bis der Sensor im gegenüberliegenden Greiferfinger anspricht. Biologisches Vorbild hierfür ist der Greifreflex von Säuglingen, welche bei Stimulation der Handfläche die Finger schließen und kräftig zupacken können. Die Verzögerung beim Menschen entspricht dabei 0,5-1,5 Sekunden [161]. Da der Reflex im Falle eines Roboters auch nicht sicherheitsrelevant ist, da das Augenmerk hier auf dem Greifen von

Objekten liegt, spielt die Reaktionszeit des Reflexes eine eher untergeordnete Rolle. Höhere Priorität hat hingegen das sichere Greifen, dessen Ablauf so beschrieben werden kann, dass sich der Greifer dem Objekt nähert und sobald das Objekt einen entsprechenden Sensor im Greifer auslöst (taktil oder Schlupf) der Greifvorgang in Form von Schließen des Greifers ausgelöst wird. Voraussetzung für solch einen Greifvorgang ist natürlich, dass der Greifer geöffnet und leer ist und eine Annäherung an das zu greifende Objekt erfolgreich abgeschlossen wurde.

Der **Schlupfreflex** kommt zum Tragen, wenn ein Objekt mit dem Greifer gegriffen wurde. Da er ein Abrutschen des gegriffenen Objekts erkennen und verhindern soll, ist hier die Reaktionszeit von großer Bedeutung, welche im zweistelligen Millisekundenbereich zu liegen hat, wie das auch beim Menschen der Fall ist. Diese Reaktionszeit kann über das Abtastintervall des Schlupfsensors per Parameter angepasst werden (Abb. 2.7). Sobald ein Schlupf, also ein Rutschen des gegriffenen Objekts, erkannt wird, soll der Greifer die Griffkraft erhöhen bis das Rutschen aufhört. Zur Erkennung des Rutschens werden Daten des Schlupfsensors verwendet. Auftreten kann solch ein Rutschen bei besonders glatten oder schweren Objekten oder auch, wenn sich das Gewicht des Objekts ändert, z.B. wenn ein Gefäß gefüllt wird. Der Schlupfreflex setzt allerdings voraus, dass ein Objekt bereits erfolgreich gegriffen wurde, dementsprechend ist der Greifreflex vorgelagert. Sollte dem nicht so sein, der Greifer also leer sein, ist er inaktiv. So eine Bedingung kann auch als Abhängigkeit zwischen Schlupf- und Greifreflex formuliert werden (siehe Abschnitt 2.5).

Der **Stoßreflex** ist ein klassischer Sicherheitsreflex, welcher Benutzer, Umgebung und den Roboter selbst vor Schaden bei unvorhergesehenen Kollisionen schützen soll. Kollisionen können hierbei als große Kraftänderung in einem kurzen Zeitintervall beschrieben werden, wobei die Geschwindigkeit der Roboterbewegung eine maßgebliche Rolle spielt. Je schneller sich der

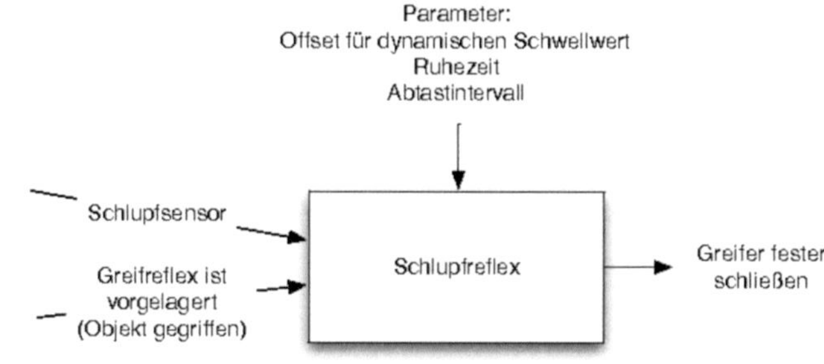

Abb. 2.7.: Reflex-Template angepasst auf den Schlupfreflex

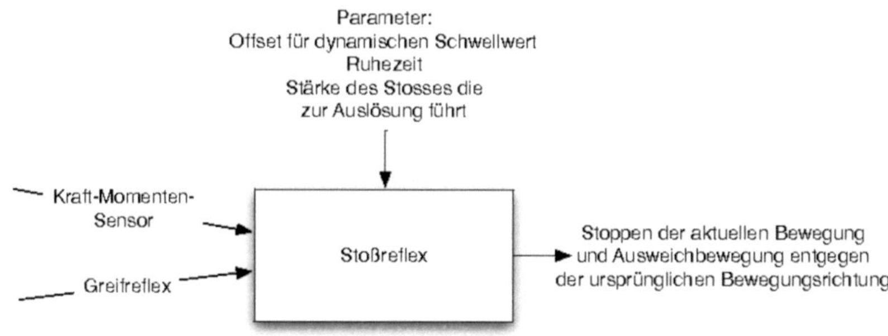

Abb. 2.8.: Reflex-Template angepasst auf den Stoßreflex

Roboter bewegt, desto schneller muss eine Kollision erkannt und darauf reagiert werden. Im vorliegenden Fall bewegt sich der Roboter relativ langsam (ca. 1 m/s), was als zusätzlicher Sicherheitsaspekt beim Arbeiten in menschlicher Gesellschaft verstanden werden kann. Unabhängig davon sollte die Reaktionszeit bei solch einem Sicherheitsreflex möglichst gering sein, wobei hier das menschliche Vorbild mit maximal 150 ms die Grenzen setzt. Tritt eine Kollision auf, die über den Kraft-Momenten-Sensor erkannt wird, muss die Bewegungsausführung sofort gestoppt und der Arm ein kleines Stück zurückgezogen werden, um den Kontakt mit dem Hindernis zu lösen (Abb. 2.8). Da der Reflex als sicherheitsrelevant eingestuft wird, muss er bei Bewegungen des Roboters permanent im Hintergrund aktiv sein, da Kollisionen ja meist unvermittelt auftreten. Ausnahmen hierbei stellen allerdings gewollte Berührungen dar, z.B. beim Fügen von Steckverbindungen, Greifen von Objekten oder Schieben von Gegenständen. Darum wird er kurzzeitig, für die Dauer des Greifvorgangs, deaktiviert, wenn ein Objekt gegriffen werden soll, um nicht irrtümlich das Berühren eines Objekts als Kollision zu erkennen. Entsprechend ist ihm der Greifreflex vorgelagert. Die Ausweichbewegung soll hierbei immer in Richtung der Stoßkraft erfolgen, um die Störung möglichst schnell auszugleichen.

Alle genannten Reflexe haben gemeinsam, dass sie unterschiedliche Sensorwerte auslesen und miteinander verknüpfen bzw. falls notwendig auch in einem Puffer speichern. Die erfassten Werte werden anschließend an das Neuronenmodell des jeweiligen Reflexes übermittelt, den sie dann auslösen. Die Auslösung geschieht in Abhängigkeit von der Berechnung des Membranpotentials bzw. ob der Schwellwert erreicht wurde. Der Schlupfreflex zum Beispiel vergleicht immer die gespeicherte Position des Objekts mit der aktuell gemessenen. Hierbei liegt der Fokus auf einer Änderung der Werte. Das bedeutet, dass es im Falle des Schlupfreflexes darum geht, ein Rutschen des gegriffenen Objekts per se zu erkennen. Wie stark das Objekt rutscht, ist zweitrangig und entsprechend ist nur von Belang zu erkennen, dass sich die Sensorwerte überhaupt ändern.

2.5. Reflexsystem

Wie bereits in den vorhergehenden Abschnitten erwähnt, können zwischen einzelnen Reflexen Abhängigkeiten bestehen. So ist ein Greifreflex nur dann sinnvoll, wenn noch nichts gegriffen wurde und ein Schlupfreflex spielt nur dann eine Rolle, wenn ein Gegenstand bereits gegriffen wurde. Das heißt aber nicht, dass entsprechende Ressourcen wie z.B. Sensoren nicht von mehreren Reflexen genutzt werden können.

Um unterschiedliche Reflexe zu koordinieren, ist es notwendig, die vorhandenen Abhängigkeiten in einem Koordinierungsnetz entsprechend abzubilden. Hierbei muss berücksichtigt werden, dass manche Reflexe, wie z.B. der Stoßreflex, von einem einzelnen Eingangssignal abhängen und das Signal über einzelne Neuronen bearbeitet werden kann. Andere Reflexe hingegen erfordern eine Priorisierung und/oder die Erfüllung bestimmter Vorbedingungen, um Konflikte während der Ausführung bzw. der gleichzeitigen Aktivierung mehrerer Reflexe zu vermeiden.

Basierend auf den drei vorgestellten spezialisierten Anwendungen des allgemeinen Reflexmoduls lässt sich nun im Folgenden der exemplarische Aufbau solch eines Koordinierungsnetzes verdeutlichen. Die Struktur des Netzes ist in Abb. 2.9 dargestellt. Dort ist zu sehen, dass der Stoßreflex ein eigenes Segment bildet, da er unabhängig von den anderen beiden Reflexen agieren muss. Im Gegensatz dazu ist der Schlupfreflex innerhalb des Greifreflexes abgebildet, um die Abhängigkeit zu verdeutlichen. Der Schlupfreflex darf nur dann aktiv sein, wenn ein Objekt gegriffen wurde.

Die eintreffenden Sensorsignale werden zuerst gefiltert und anschließend in einem Puffer gespeichert, da alle Reflexe die Änderung der Sensorwerte über die Zeit berücksichtigen. Die Sensorwerte werden dann an die LIF-Neuronen weitergeleitet. Falls ein Schwellwert erreicht wurde, feuert das Neuron und die entsprechende Reaktion wird ausgelöst. Das führt zu einem Entscheidungsprozess, in welchem das Reflexmodell unter Berücksichtigung des aktuellen Systemzustands entscheidet, ob ein Reflexsignal weitergeleitet wird oder nicht. Die Entscheidungen hängen hierbei von den entsprechenden Reflexmodellen ab. Die Bedingungen, von denen das Auslösen eines Reflexes abhängt, werden im Folgenden nun genauer erläutert.

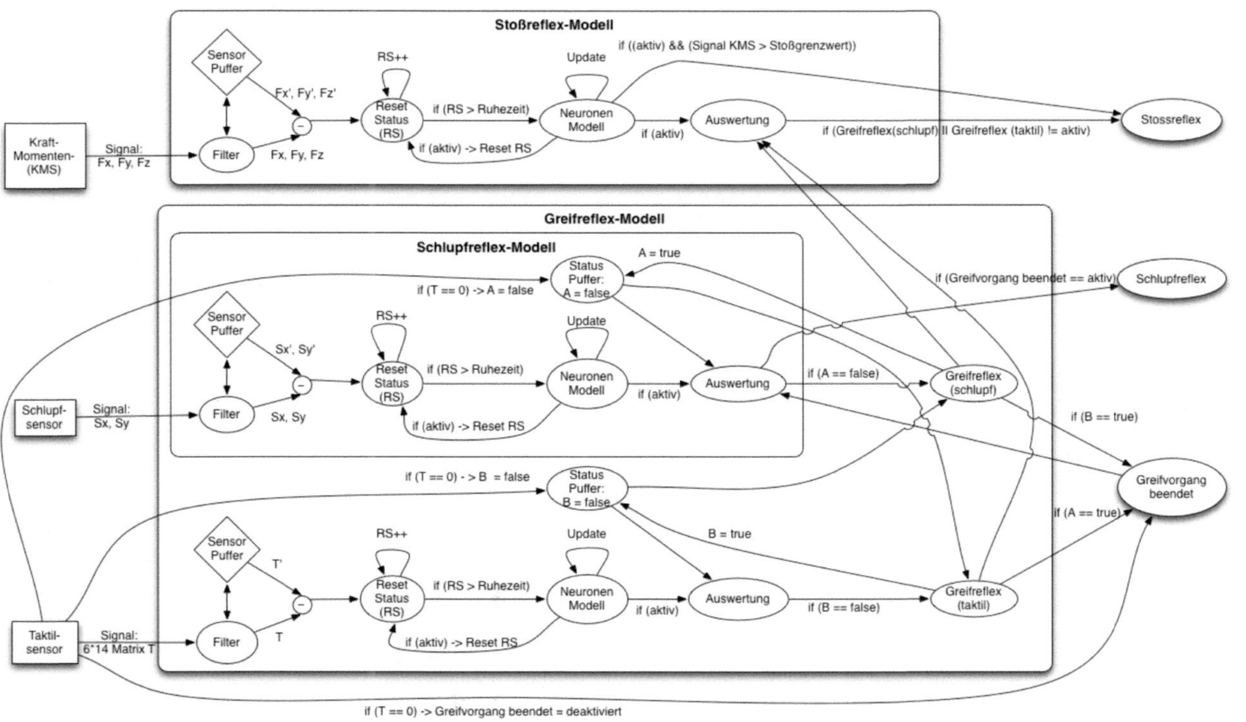

Abb. 2.9.: Koordinierungsnetz für Reflexe [168]

Greifreflex: Da der Greifreflex eine höhere Komplexität aufweist als der Stoß- und der Schlupfreflex, nutzt er zwei unterschiedliche Sensoren. Zum Einen wird ein taktiler Sensor verwendet, zum Anderen nutzt er auch den Schlupfsensor (vergleiche Abb. 2.10 oben links), welcher auch beim entsprechenden Reflex zum Einsatz kommt. Beim Greifreflex jedoch dient der Schlupfsensor nur zum Starten bzw. Beenden des Greifvorgangs, abhängig davon, ob er als erster von den beiden Sensoren ein Objekt registriert oder als zweiter. Zwei Zustandspuffer werden dabei verwendet, um die aktuelle Greifsituation abzubilden, dabei startet ein Greifvorgang, wenn einer der beiden Sensoren aktiviert wird. Voraussetzung hierbei ist, dass der Greifer geöffnet ist und noch kein Objekt gegriffen wurde, also am taktilen Sensor keine Messwerte anliegen (Knoten "Status Puffer" in Abb. 2.10). Abhängig davon, welcher Sensor zuerst ausgelöst hat, sobald sich ein Objekt im Greifer befindet ("Greifreflex (schlupf)" für den Schlupfsensor oder "Greifreflex (taktil)" für den taktilen Sensor), wird der Greifreflex aktiviert und der Greifer schließt sich. Sobald der gegenüberliegende Sensor das Objekt registriert, endet der Greifvorgang, der Zustand wird auf "Greifvorgang beendet" gesetzt und es wird an den Schlupfreflex übergeben. Wenn dieser Zustand aktiv ist, ist kein weiterer Greifvorgang möglich und der Greifreflex ist deaktiviert. Ein Zurücksetzen der jeweiligen Zustandspuffer erfolgt, wenn der taktile Sensor keine Daten mehr vom gegriffenen Objekt liefert. Des Weiteren werden die Daten des Kraft-Momenten-Sensors ausgewertet, um das Gewicht des gegriffenen Objekts zu berechnen. Grund dafür ist, dass der Stoßreflex nicht Stöße durch den Offset, welcher mit einem gegriffenen Objekt an der Kraft-Momenten-Dose einhergeht, irrtümlich erkennt. In Abb. 2.9 ist das durch die Verbindung der beiden Knoten des Greifreflexes "Greifreflex (schlupf)" und "Greifreflex (taktil)" mit dem Knoten "Auswertung" des Stoßreflexes kenntlich gemacht.

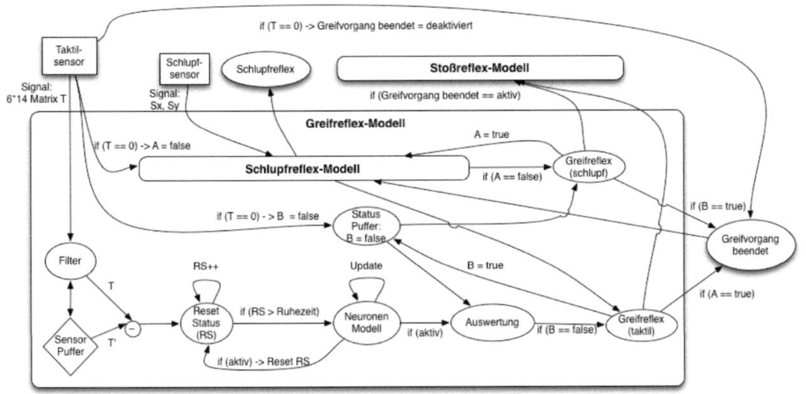

Abb. 2.10.: Detailansicht des Greifreflexes

Schlupfreflex: Der Schlupfreflex hängt direkt mit dem erfolgreichen Greifen eines Gegenstandes zusammen bzw. im vorliegenden Fall mit dem erfolgreichen Abschluss des Greifreflexes (Zustand "Greifvorgang beendet" ist aktiv, Abb. 2.7). Sobald das Reflexmodell des Schlupfsensors nach einem Greifen erneut aktiviert wird, wird das Aktivierungssignal an den Schlupfreflex weitergeleitet und der Greifer schließt sich ein wenig fester (Knoten "Schlupfreflex", Abb. 2.7), um ein Abrutschen des gegriffenen Objekts zu verhindern.

Soll ein gegriffenes Objekt abgestellt oder an einen Benutzer übergeben werden, treten ebenfalls entsprechende Verschiebungen relativ zum Greifer auf und der Schlupfreflex darf hier nicht ausgelöst werden, was zu einem festeren Zupacken führen würde (realisiert über den Knoten "Status Puffer"in Abb. 2.7). Für die Deaktivierung des Reflexes stehen verschiedene Strategien zur Verfügung, so kann der Reflex direkt von höheren Ebenen der Roboterarchitektur deaktiviert werden, da eine Übergabe eines Objekts meist per se schon höhere kognitive Ebenen involviert. Eine weitere Möglichkeit, welche ebenfalls implementiert wurde, nutzt die Richtung, in welche die Bewegung des Objekts relativ zum Greifer auftritt. Ein Schlupf entgegen der Schwerkraft wird hierbei so interpretiert, dass das Objekt auf einer Oberflä-

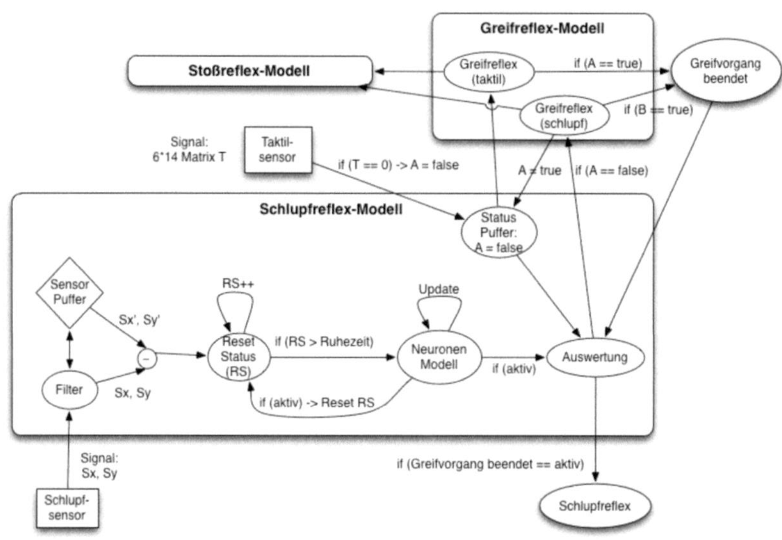

Abb. 2.11.: Detailansicht des Schlupfreflexes

che abgesetzt wird oder ein Benutzer es aus dem Greifer zieht. Als Folge davon wird ebenfalls der Reflex deaktiviert. Abhängig von der Implementierung des Verhaltens kann auch ein Öffnen des Greifers erfolgen, z.B. um ein gegriffenes Objekt zu übergeben.

Stoßreflex: Sobald der Stoßreflex durch den Kraft-Momenten-Sensor (Abb. 2.12 links) aktiviert wurde (Knoten "Neuronen Modell" in Abb. 2.12), werden die Zustände der anderen Reflexe analysiert (Knoten "Auswertung"). Erreicht die Kollisionskraft einen kritischen Wert und besteht kein Konflikt mit dem Greifreflex (weder "Greifreflex (schlupf)", noch "Greifreflex (taktil)" sind auf *true* gesetzt), so wird der Stoßreflex aktiviert. Seine Priorität ist allerdings deutlich höher als die der anderen Reflexe, was seiner Eigenschaft als Sicherheitsreflex geschuldet ist.

Da sich die Ruhelage des Kraft-Momenten-Sensors allerdings verschiebt, sobald ein Objekt gegriffen wurde, ist eine Anpassung des Reflexes erforder-

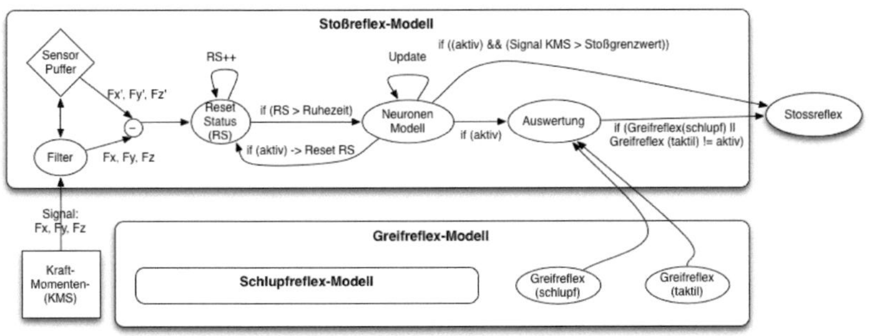

Abb. 2.12.: Detailansicht des Stoßreflexes

lich, um irrtümliches Auslösen des Reflexes zu vermeiden. Die Anpassung erfolgt, indem nach Anheben des gegriffenen Objekts die Verschiebung der Ruhelage der Signale des Kraft-Momenten-Sensors berechnet wird. Die errechnete Verschiebung wird als Offset mit den Daten des Kraft-Momenten-Sensors durch Addition kombiniert, bevor sie Eingang in den Reflex erhalten.

Allgemein ist es bei den Reflexen unabhängig vom verwendeten LIF-Modell so, dass sobald ein Aktivierungssignal von einem Neuron gesendet wurde, eine kurze Zeit der Hyperpolarisation eintritt und die Refraktärphase stattfindet. Daher wurde ein Zähler "Reset Status" integriert, welcher bei Null startet und abhängig von der Ruhezeit eine erneute Aktivierung des Neurons verhindert. Je nach Reflex wird die Ruhezeit unterschiedlich gesetzt.

2.6. Modifizierung des Überwachungskonzepts

Wie in Abschnitt 1.2.2 dargestellt, wurde bereits in [86] ein auf Petri-Netzen basierendes Konzept für die Überwachung und Koordination von Roboteraufgaben entworfen und vorgestellt [86–88]. Eine Implementierung davon wird bereits, als Teil der Diskret-Kontinuierlichen Regelungsarchitektur, im aktuellen Betrieb der Demonstratoren des SFB eingesetzt.

Da die hier vorgestellten neu entwickelten Reflexe eine wichtige Rolle in der Behandlung von Störungen und Ausnahmesituationen spielen, müssen sie in die Überwachungsarchitektur integriert werden. Das erfordert eine entsprechende Modifikation der Überwachungsnetze (Abb. 1.9), um die Berücksichtigung und Ausführung der Reflexe zu ermöglichen. Die notwendigen Modifikationen waren Teil einer Diplomarbeit [45] die während der Dissertation betreut wurde.

Der hier vorgestellte Stoßreflex ist dabei, im Gegensatz zum Greifreflex, eine direkte Reaktion auf eine Störung der aktuell ausgeführten Aktion. Er unterbricht die aktuelle Aktion bei Erkennen einer Kollision (entspricht der Stelle A_{st} in Abb. 1.9) und versucht durch eine Ausweichbewegung einen Zustand herzustellen, der eine weitere Ausführung ermöglicht. So eine Ausnahmebehandlung kann als entsprechendes Subnetz (z.B. als eigene Aktionsfolge) implementiert werden. Zur Berücksichtigung im Überwachungsnetz muss aber noch eine Ergänzung um eine entsprechende Stelle erfolgen. Das modifizierte Netz ist in Abb. 2.13 dargestellt (Modifikationen in Rot). Beim Übergang von A_{st} (gestoppt) nach A_{ac} (active) wurde eine neue Stelle A_{rx} (Reflex) eingeführt, um die Ausnahmebehandlung wie z.B. das Ausführen einer Ausweichbewegung zu ermöglichen.

Andere Reflexe wie z.B. der Greifreflex können als Teil der eigentlichen Aktion angesehen werden und alternativ zu Benutzeranweisungen ausgeführt werden.

Entsprechend der gezeigten Erweiterungen wurde auch das Diskret-Kontinuierliche Regelungskonzept erweitert, um die neue Funktionalität zu integrieren [109, 110] (Abb. 2.14). Die Erweiterung ist durch den roten, gestrichelten Rahmen kenntlich gemacht. Der Block, der die Reflexe in sich zusammenfasst, erhält sowohl interne Sensorwerte des Roboters, als auch Informationen über Parameteradaptionen aus der diskreten Regelung. Wird

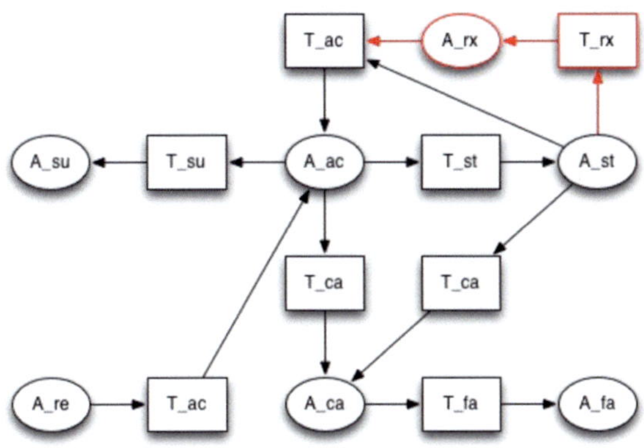

Abb. 2.13.: Modifiziertes Überwachungsnetz nach Lehmann [86] (ergänzt um Stelle A_{rx})

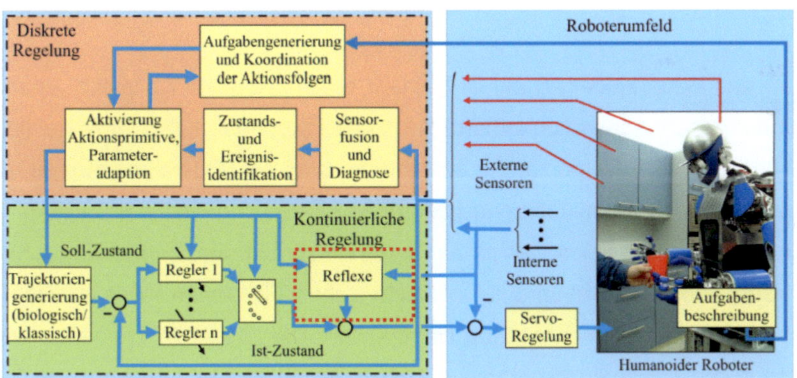

Abb. 2.14.: Diskret-Kontinuierliches Regelungskonzept nach Integration der Reflexe
(Modifikation von [110], vgl. Abb. 1.7)

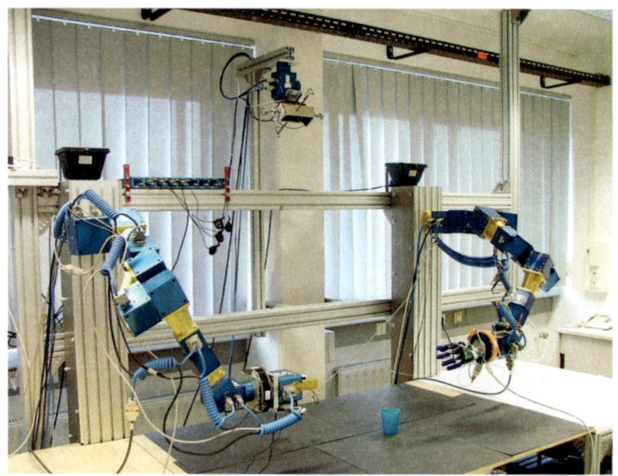

Abb. 2.15.: Roboterplattform des IOSB [168]

ein Reflex ausgelöst, werden die entsprechenden Stellgrößen der Regelung mit den Reflexreaktionen verknüpft.

2.7. Experimentelle Erprobung des Systems

Um das neue Reflexsystem auf einem realen Roboter zu testen, wurde es auf der Demonstratorplattform [112] des Fraunhofer IOSB implementiert (Abb. 2.15). Der Demonstrator besteht aus zwei AMTEC-Roboterarmen mit jeweils sieben Freiheitsgraden (Degrees-of-Freedom - DoF) und einem 2-DoF Sensor-Kopf. Das Design der Arme entspricht dem anthropomorphen Ansatz und sie bestehen aus fünf rotatorischen Elementen sowie jeweils einer Schwenk-Neige-Einheit am Handgelenk. Die jeweiligen Elemente werden durch Gleichstrommotoren mit Harmonic-Drives angetrieben. An den Armen sind als Manipulationswerkzeuge ein Zwei-Finger-Greifer und eine anthropomorphe Roboterhand [147] montiert, wobei jeder Greifer über einen Kraft-Momenten-Sensor verfügt, welcher die auftretenden Kräfte und Momente in X-, Y- und Z-Richtung misst.

(a) Taktiler Sensor und Schlupfsensor [168]

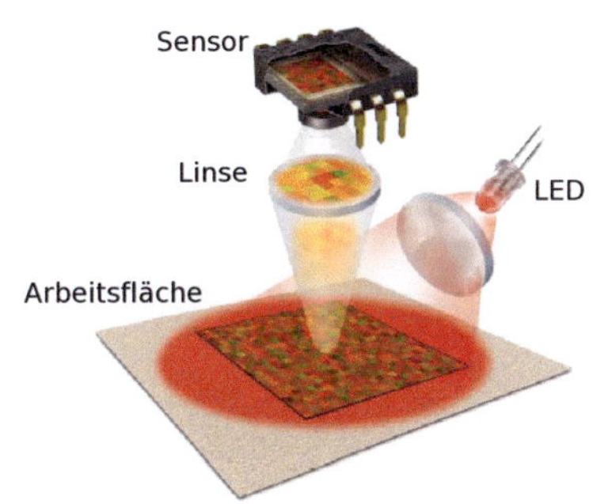

(b) Funktionsweise des Schlupfsensors [112]

Abb. 2.16.: Sensoren im Zweifingergreifer

An den Fingern des Zwei-Finger-Greifers sind ein taktiler Sensor mit 6×14 Messpunkten und ein optischer Schlupfsensor montiert (Abb. 2.16 (a)). Der Schlupfsensor wurde am IOSB entwickelt und misst die relativen Bewegungen zwischen der Oberfläche des gegriffenen Objekts und dem Greifer [11]. Beim taktilen Sensor handelt es sich um einen Messwandler der Firma Weiss Robotics vom Typ DSA9205, dessen Stromversorgung und Signalverarbeitung über eine Sensorkontrolleinheit des Typs DSACON32-H, ebenfalls von Weiss Robotics, sichergestellt wird.

Die Funktionsweise des Schlupfsensors basiert auf dem gleichen Prinzip wie optische Computermäuse funktionieren. Dabei wird eine LED als Lichtquelle verwendet, die das Objekt beleuchtet, und kann so mit einem Sensor Bewegungen in X- und Y- Richtung detektieren (Abb. 2.16 (b)). Zusätzlich zu den Sensoren für Kräfte und Momente, Schlupf und Berührungen werden die Positionen und Geschwindigkeiten der Arme als weiterer Input für das entwickelte Reflexsystem verwendet.

Auf Seiten der Software basiert das gesamte System auf einer Implementierung in C++. Dabei kommt zusätzlich das modulare Programmiersystem MCA (Modular Controller Architecture) [8, 124] zum Einsatz, welches speziell für die Programmierung von Robotern entwickelt wurde. Die Stärke von MCA liegt vor allem in der Fähigkeit Datenströme, wie z.B. Sensor- oder Steuerdaten, bei der Implementierung abzubilden.

2.7.1. Bestimmung der optimalen Schwellwerte

Der wichtigste Parameter von jedem Reflex bzw. Neuron ist der Schwellwert ϑ, von dem abhängt, ob der Reflex ausgelöst wird oder nicht. Je geringer ein Schwellwert ist, desto leichter erreicht das Membranpotential $u(t)$ den Schwellwert und damit wird der Reflex deutlich sensibler gegenüber seinen Eingangssignalen.

Um die Schwellwerte für die jeweiligen Reflexe festzulegen, wurden Tests mit aufgezeichneten Daten durchgeführt. Der Grund hierfür war, dass zu Beginn keine Schwellwerte bekannt waren und folglich erst ermittelt werden mussten.

Der Schwellwert von Greif- und Schlupfreflex wurde über solche Daten ermittelt, wobei diese Schwellwerte deutlich niedriger gesetzt werden können, als die des Stoßreflexes. Der Grund dafür ist der Umstand, dass die Daten der entsprechenden Sensoren deutlich weniger verrauscht sind als die Daten des Kraft-Momenten-Sensors. Dadurch kann auch eine deutlich bessere Genauigkeit bzw. Sensibilität bei diesen beiden Reflexen erreicht werden. Für die weiteren experimentellen Tests am IOSB Demonstrator wurden die beiden Schwellwerte auf $\vartheta = 2\ mV$ gesetzt (Gleichung (2.7)).

Durch eine Anpassung der Schwellwerte während des Betriebs ist es möglich, das Reflexverhalten aufgabenspezifisch zu modifizieren. Sinn macht so eine Anpassung z.B. beim Stoßreflex, wenn ein Objekt gegriffen wurde und durch das Gewicht des Objekts ein Offset am Kraft-Momenten-Sensor berücksichtigt werden muss. Eine Erhöhung der Sensibilität der Reflexe wird durch ein Verringern der Schwellwerte erreicht, was z.B. beim Greifen fragiler Objekte von Nutzen sein kann, damit bereits eine Berührung in einem kleinen Bereich, z.B. 2-4 Zellen der Messfläche, des taktilen Sensors ausreicht, um den Greifreflex und damit den Greifvorgang zu beenden.

2.7.2. Bestimmung der Ruhezeit

Die Ruhezeit, in welcher der Reflex nach einer Aktivierung nicht erneut feuern darf, hängt stark vom jeweiligen Reflextyp ab. Ein Stoßreflex zum Beispiel muss nach erfolgreicher Detektion einer Kollision eine Rückzugsbewegung des Arms auslösen, um den Abstand zum Kollisionsobjekt zu vergrößern. So eine Rückzugsbewegung erfolgt für etwa eine Sekunde mit sehr langsamer Geschwindigkeit (ca. $0,1\ m/s$) und somit ist währenddessen kein erneutes Auslösen des Stoßreflexes erforderlich.

Im Gegensatz dazu muss der Schlupfreflex nach einem ersten Auslösen direkt erneut reagieren, wenn das Abrutschen des Objekts nicht gestoppt wurde oder wenn es erneut einsetzt. So ein Fall tritt auf, wenn sich das Gewicht des Objekts langsam erhöht, z.B. wenn ein gegriffenes Gefäß befüllt wird und damit das Gewicht steigt. Die Ruhezeit wurde darum für den Schlupfreflex sehr niedrig bei $t_{silent} = 0,05\ s$ festgelegt.

Für den Greifreflex spielt die Ruhezeit, welche sich im niedrigen Sekundenbereich von $1 - 2\ s$ bewegt, keine Rolle. Der Grund liegt darin, dass ein Greifvorgang, der durch den Greifreflex ausgelöst wurde, deutlich längere Zeit für die Ausführung in Anspruch nimmt.

2.7.3. Test des Greif- und Schlupfreflexes

Die beiden beschriebenen Reflexe für Greifoperationen wurden experimentell getestet, indem unterschiedliche Objekte, z.B. Holzzylinder oder Papp-

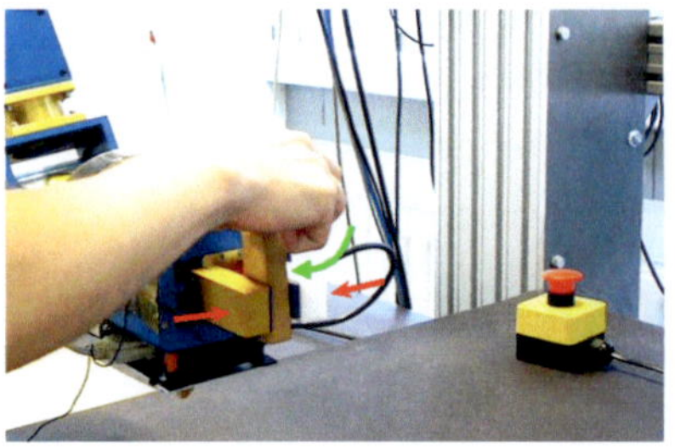
(a) Objekt platziert im Greifer bewirkt Zugreifen

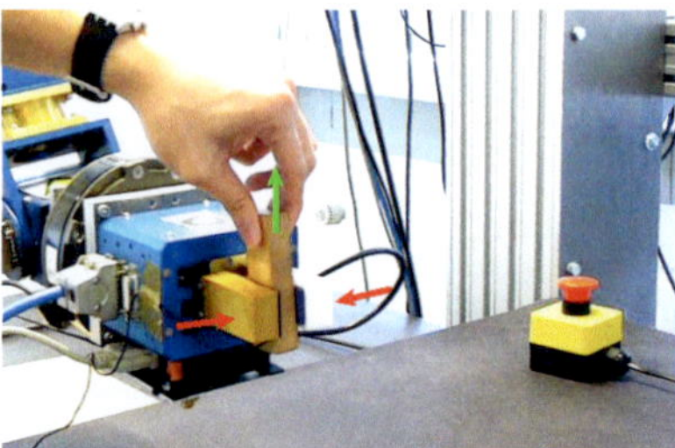
(b) Zug auf gegriffenes Objekt

Abb. 2.17.: Versuche zu Greif- und Schlupfreflex [168]

schachteln, im Greifer platziert wurden (Abb. 2.17 (a)). Der Greifprozess startete, sobald entweder der taktile oder der Schlupfsensor den Greifreflex auslösten. Die Aktivierung des Schlupfreflexes erfolgte nach erfolgreichem Abschluss des Greifvorgangs und ein Rutschen des Objekts wurde durch Zug in unterschiedliche Richtungen simuliert (Abb. 2.17 (b)). Aufgrund der Abhängigkeit zwischen Greif- und Schlupfreflex wurden sie gemeinsam auf der Demonstratorplattform erprobt. Für jede getestete Situation bzw. jedes gegriffene Objekt wurden fünf Testreihen als kommaseparierte Liste aufgenommen. Jeder Versuch wurde sowohl mit, als auch ohne Gewichtskompensation für das gegriffene Objekt aufgezeichnet. Die während der Experimente aufgezeichneten Daten wurden anschließend mit der Matlab-Toolbox Gait-CAD [104] ausgewertet.

Bei den hier durchgeführten Experimenten wurde keine Greifplanung durchgeführt, sondern nur die genannten Reflexe kamen zum Einsatz. Nach erfolgreichem Greifen eines Objekts dienen die Daten des Schlupfsensors dazu, ungewollte Bewegungen des Objekts zu erkennen. Es gibt zwei mögliche Ursachen für solche Bewegungen. Erstens kann der Griff zu schwach sein, um das Objekt zu halten oder anzuheben, oder es kann zweitens eine externe Kraft zusätzlich zur Gravitation auf das Objekt wirken. Beide Situationen wurden in den Experimenten simuliert, indem unterschiedliche Kräfte auf die gegriffenen Objekte zur Wirkung gebracht wurden.

Da die Ruhezeit für den Schlupfreflex sehr niedrig eingestellt ($t_{silent} = 0,05\ s$) ist und die Sensordaten kontinuierlich beobachtet werden, kann ein Abrutschen eines gegriffenen Objekts zu jeder Zeit schnell erkannt werden. Sobald solch eine Situation eintritt, erhöht sich das Membranpotential bis zum Erreichen des Schwellwertes und das Neuron feuert wie in Abb. 2.18 zu sehen ist. Durch die kurze Ruhezeit ist eine schnell aufeinanderfolgende Aktivierung des Schlupfreflexes möglich. In Abb. 2.18 ist auch gut zu erkennen, dass das erste Aktivieren des Schlupfsensors nicht den Schlupfreflex, sondern stattdessen den Greifreflex auslöst, da die Anfangsbedingung für den Schlupfreflex, dass ein Objekt sicher gegriffen sein muss, nicht erfüllt ist. Das ist daran zu erkennen, dass als Reaktion auf den aktivierten Schlupfsensor (Abb. 2.18 oben) der Greifer beginnt sich zu schließen (Abb. 2.18 unten). Nach erfolgtem Griff (kenntlich gemacht durch die rote Linie), d.h. wenn auch der taktile Sensor aktiviert wurde, wird schließlich der Schlupfreflex aktiviert. Der schließt den Greifer bei erkanntem Abrutschen des Objekts noch weiter, bis keinerlei Bewegung des Objekts mehr erkannt wird (siehe Vergrößerung Abb. 2.18 unten rechts).

Für die Implementierung des Schlupfreflexes wurden die unterschiedlichen, in Abschnitt 2.2 beschriebenen, LIF-Neuronenmodelle verwendet und bzgl. ihrer Eignung evaluiert. Der Einsatz von Neuronen mit dynamischem Schwellwert oder adaptivem Strom führte jedoch zu einer Erhöhung der Ruhezeit, was die Sensitivität des Schlupfreflexes herabsetzte. Die Erhöhung der Ruhezeit ist abhängig von den gewählten Parametern der jeweiligen Neuronen, ändert sich also in Abhängigkeit vom Parametersatz. Unabhängig davon liegt der Nutzen von dynamischem Schwellwert und adaptivem Strom vor allem darin, eine Ermüdung des Reflexes zu simulieren, bzw. eine Abschwächung der eintreffenden Reize zu erreichen. Beim Schlupfreflex soll jedoch weder das eine noch das andere der Fall sein, da ein Entgleiten von gegriffenen Objekten verhindert werden soll, unabhängig davon wie oft der Reflex immer wieder erneut ausgelöst wird. Wenn z.B. ein Gefäß befüllt wird und sich infolgedessen das Gewicht immer weiter erhöht, liegt nahe, dass es immer wieder erneut ins Rutschen kommen kann. Hier muss der Reflex jedesmal wieder erneut reagieren und eine Ermüdung ist nicht gewollt. Um daher dem Schlupfreflex seine schnelle Reaktionszeit zu erhalten, wurde er für den Einsatz auf dem Roboter mit dem klassischen LIF-Modell ohne jegliche Adaption implementiert.

Der Greifreflex hingegen nutzt sowohl den taktilen Sensor, als auch den Schlupfsensor, wobei für die Implementierung das LIF-Modell mit dynamischem Schwellwert verwendet wurde. Grund hierfür ist der taktile Sensor, da nicht davon ausgegangen werden kann, dass bei einem ersten Kontakt bereits sicher gegriffen wurde. Sinnvoll ist in so einem Falle, dass der Greifer langsam weiter geschlossen wird, bis der Kontakt großflächiger ist. So ein Verhalten kann sehr gut über den dynamischen Schwellwert erreicht werden, welcher einen direkten Einfluss auf das Schließen des Greifers hat. Das Einstellen des Schwellwertparameters ist hier von besonderer Bedeutung, um Greifvorgänge von unterschiedlichen Objekten zu ermöglichen. Die Einstellung erfolgt je nach System durch den Benutzer oder durch höhere kognitive Schichten der Roboterarchitektur, wobei auch der gegebenen Hardware Rechnung getragen werden muss (z.B. Steifigkeit der Oberfläche des taktilen Sensors). Ein Beispiel für die Einstellung der Schwellwertparameter durch die Roboterarchitektur ist das Diskret-Kontinuierliche Regelungskonzept (Abb. 2.14) bei dem über den Block "Aktivierung, Aktionsprimitive, Parameteradaption" Parameteranpassungen an den Reflexen vorgenommen werden können.

Die Anpassbarkeit des LIF-Modells, insbesondere mit dynamischem Schwellwert, ist ein essentieller Vorteil gegenüber Implementierungen im klassischen Sinne über Anweisungen wie If-Else- oder Switch-Case-Codesegmente. Da das beim LIF-Modell implizit schon berücksichtigt wird, erfordert es, weder bei der Implementierung noch bei der Performance, zusätzlichen Aufwand.

In Abb. 2.18 ist ein kompletter Greifprozess abgebildet. Hierbei wird durch den Schlupfsensor ein Aktivierungssignal erzeugt (Zeitpunkt $t = 2,5\ s$), indem ein Objekt im Greifer platziert wird. Geschehen tut das durch Anfahren an das Objekt. Der Greifer schließt sich daraufhin langsam und kontinuierlich, bis der taktile Sensor bei $t = 9\ s$ aktiviert wird. Solange der Greifprozess andauert, werden keine weiteren Signale des Schlupfsensors berücksichtigt. Nach erfolgreichem Abschluss der Greifoperation bzw. des Greifreflexes ändert sich das wieder und der Schlupfreflex wird aktiviert, um ein Rutschen des Objekts beim Anheben zu verhindern (siehe Zeitpunkt $t = 13\ s$). Hierbei wurde eine Genauigkeit von $0,08\ mm$ erreicht, um einen Schlupf zu erkennen, was zu einer entsprechend schnellen Reaktion, innerhalb weniger Millisekunden, des Reflexes führt. Zusätzlich dazu ist in Abb. 2.18 zu sehen, wie der Greifprozess startet, sobald der erste Kontakt des Objekts mit dem taktilen Sensor das Aktivierungssignal u_f auslöst. Zum Ende des Greifvorgangs hin ist zu sehen, wie die Feuerfrequenz des Neurons mit Ansteigen des Kontakts am taktilen Sensor zunimmt. In solchen Situationen dient die Anpassung des Schwellwertes im Neuron dazu, weiteres unnötiges Feuern und damit auch immer festeres Schließen des Greifers zu verhindern, was anderenfalls entweder den Greifer oder das gegriffene Objekt beschädigen kann. Ein Nachteil hierbei ist allerdings die Abhängigkeit von der Kontaktfläche beim Greifen eines Objekts, was das Greifen kleinerer Objekte erschwert. Kompensiert wird das aber dadurch, dass der Greifreflex wie alle Reflexe auf einer relativen Änderung der Sensorwerte basiert. Ändert sich die Fläche nicht weiter, löst auch der Reflex nicht mehr erneut aus.

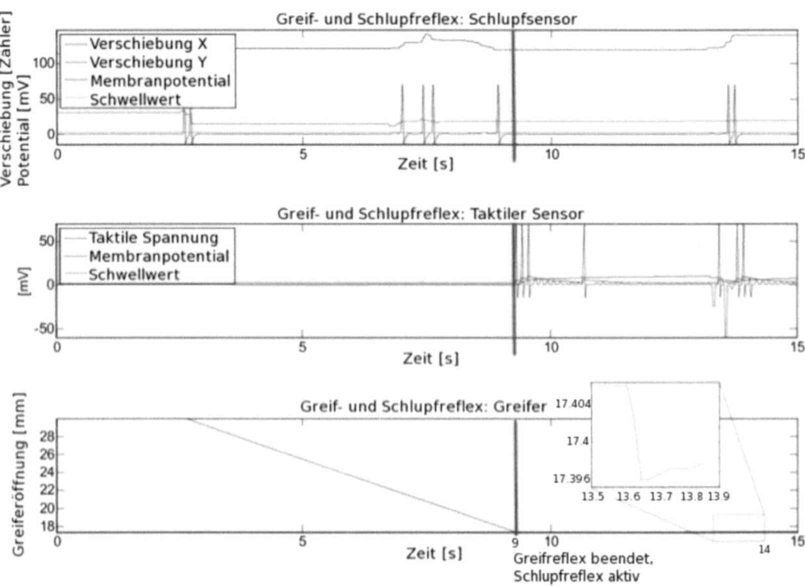

Abb. 2.18.: Evaluation des Greif- und Schlupfreflexes (sobald der Greifer geschlossen ist, siehe rote Linie, ist der Schlupfreflex aktiv) [18]

Die hier gemessenen Reaktionszeiten befinden sich im niedrigen Millisekundenbereich zwischen 50 und 100 ms und entsprechen damit den menschlichen Reaktionszeiten bei Reflexen. Außerdem war es mit ausschließlich den beiden Reflexen, die am Greifen beteiligt sind, möglich, verschiedene unbekannte Objekte sicher zu greifen, zu halten und zu transportieren. Bedingungen hierfür waren nur, dass das jeweilige Objekt in den Greifer passt und der Greifer entsprechend angenähert wurde. Als Testobjekte dienten dabei z.B. ein Holzblock, ein Schaumstoffball oder eine Pappschachtel. Eine Veränderung des Gewichts z.B. durch Befüllen eines Gefäßes wurde hier nicht untersucht, allerdings wurde der Schlupf durch Ziehen des Objekts nach unten simuliert.

Im Zusammenhang mit den zu greifenden Objekten hat sich gezeigt, dass auch die Oberfläche des taktilen Sensors eine wichtige Rolle spielt. Im vorliegenden Fall war die Steifigkeit des Sensormaterials so groß, dass alle Testobjekte bereits sicher gegriffen waren, als der Sensor die ersten Daten lieferte. Das kann zu Problemen mit sehr weichen oder sensiblen Objekten führen, wobei die Lösung hierfür allerdings im Bereich des Sensordesigns und nicht bei der Ausgestaltung der Reflexe liegt. Im Fall von solchen Objekten lässt sich nur über die Anpassung der Schwellwerte ein Einfluss auf das Verhalten ausüben, was im vorliegenden Fall nicht ausreicht.

2.7.4. Test des Stoßreflexes

Der Stoßreflex wurde in zwei unterschiedlichen Varianten getestet, die reale Situationen, in denen Kollisionen auftreten können, widerspiegeln. Befindet sich der Roboter in Ruhe und führt gerade keine Bewegung aus, so besteht in einer häuslichen bzw. auf den Menschen ausgerichteten Umgebung immer noch die Möglichkeit, dass etwas mit dem Roboter kollidiert. Der stehende Roboterarm soll hier mit einer kurzen Ausweichbewegung auf einen Stoß reagieren (Abb. 2.19 (a)).

Die zweite Situation, in der Kollisionen auftreten können, ist, wenn sich der Roboterarm bewegt und unvorhergesehen ein Hindernis auftritt. Eine solche Störung der Bewegung soll einen sofortigen Stopp und eine Ausweichbewegung zur Folge haben (Abb. 2.19 (b)). Die Ausweichbewegungen werden immer in die Richtung ausgeführt, in welche auch die Kraft der Kollision gerichtet war. Der Arm gibt also nach. Zu Beginn der Versuche zeigte sich, dass auch Vibrationen während der Bewegung des Roboterarms, die von den Kraft-Momenten-Sensoren aufgenommen wurden, den Stoßreflex fälschlicherweise auslösten. Der Grund dafür liegt im Gewicht des Robotergreifers bzw. der Roboterhand, welche sich am Endpunkt des Arms direkt am Sensor befinden. Verstärkt trat das vor allem dann auf, wenn Objekte ge-

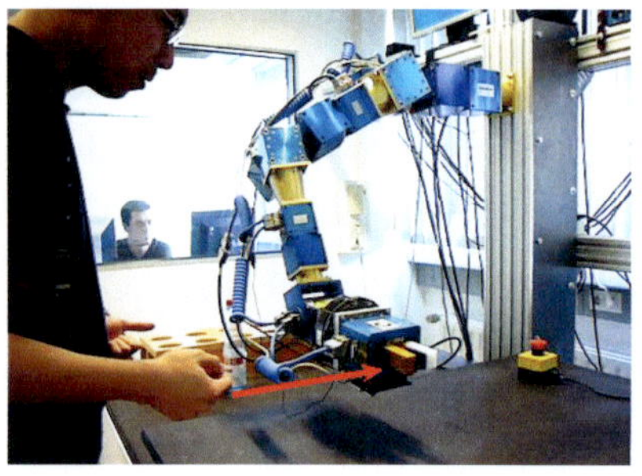
(a) Stoß auf stehenden Roboterarm

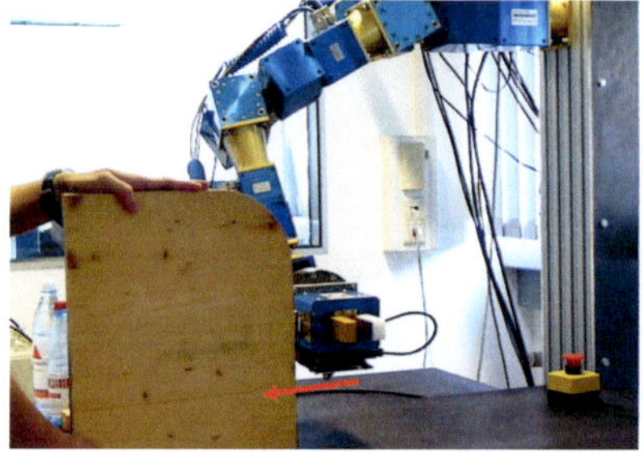
(b) Kollision mit stehendem Hindernis

Abb. 2.19.: Stoßversuche [168]

griffen und transportiert wurden, da sie das Gewicht des Greifers noch weiter erhöhten.

Zur Behandlung solcher ungewollter Einflüsse wurden zwei Anpassungen des Systems vorgenommen. Wie bereits in Abschnitt 2.5 beschrieben wird, kann der Dateninput vom Kraft-Momenten-Sensor mittels eines Offsets, welcher dem Gewicht des gegriffenen Objekts entspricht, angepasst werden.

Zur Kompensation der Vibrationen am Roboterarm hingegen wurden verschiedene Filter implementiert und mit unterschiedlichen Parameterauslegungen getestet. Eine Auswertung der untersuchten Filter ist in der, im Rahmen dieser Dissertation betreuten, Diplomarbeit [168] zu finden.

Neben einem Tiefpassfilter wurden auch Gauß-Filter und Durchschnittsfilter mit unterschiedlichen Gewichtungen getestet. Im Gegensatz zum ebenfalls verwendeten Medianfilter, zeigten alle Filter Probleme wie Verzögerungen im Reflexverhalten z.B. durch zu starke Glättungen beim Gauß-Filter verursacht. Dadurch erfolgte mehrfach ein falsches Auslösen des Reflexes. Der Medianfilter hingegen beeinflusste die Reaktionsgeschwindigkeit nur minimal und erwies sich auch als robust gegenüber unterschiedlichen Rauschsignalen, die während der Versuche auftraten. In Abb. 2.20 sind vier Aufzeichnungen von Stoßtests dargestellt. In den Diagrammen sind jeweils die Kräfte in X-,

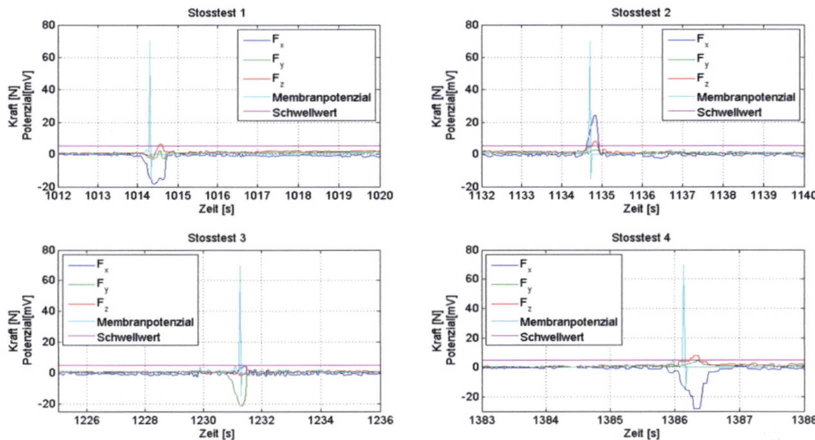

Abb. 2.20.: Stoßversuche mit Medianfilter - Vibrationen des Roboterarms während der Bewegung werden durch den Medianfilter gut herausgefiltert und Stöße korrekt erkannt. [168]

Y- und Z-Richtung (F_x, F_y und F_z) dargestellt, die mit dem Kraft-Momenten-Sensor gemessen wurden. Zusätzlich zu den gemessenen Werten sind auch das Membranpotential und der Schwellwert des Reflexes dargestellt. Die Hauptstoßrichtung erfolgte bei den Versuchen 1, 2 und 4 in X-Richtung, bei Versuch 3 in Y-Richtung. Es ist deutlich zu erkennen, dass die Vibrationen des Roboterarms nach dem Stoß zwar vorhanden sind, jedoch durch den Medianfilter sehr gut im Bereich von weniger als $5\,N$ um den Nullpunkt gehalten werden. Hierbei wurde eine Version des Medianfilters für die Anwendung auf 1D-Arrays verwendet und das Zeitfenster auf 5 Abtastschritte festgelegt. Im Mittel wurden Stöße nach $75\,ms$ erkannt, was gegebenenfalls zu einem direkten Anhalten der ausgeführten Roboterbewegung führte. Spätestens nach weiteren $75\,ms$ wurde mit einer Ausweichbewegung begonnen. Die genannten Reaktionszeiten sind in Abb. 2.21 sehr gut zu erkennen und bewegen sich im gleichen Zeitfenster wie entsprechende menschliche Reflexe. Damit erfüllt der Stoßreflex auch die eingangs festgelegten Anforderungen. Eine klassische Implementierung mit einfachen If-Then-Else-Abfragen ist für

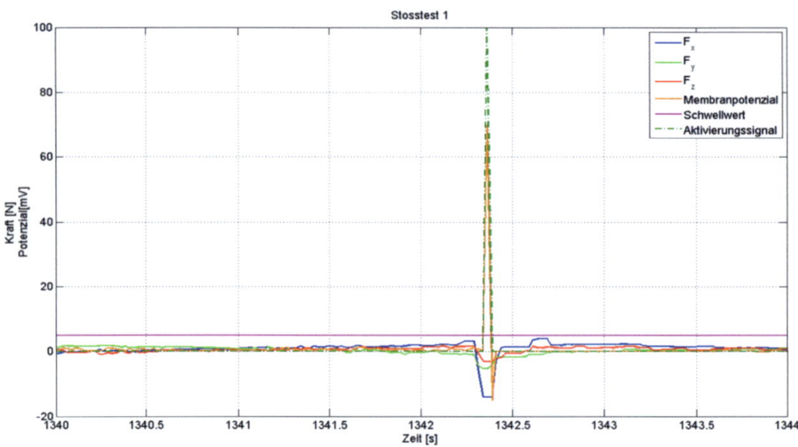

Abb. 2.21.: Stoßtest: Kollision eines bewegten Roboterarms mit statischem Hindernis [168]

einzelne Reflexe deutlich schneller. Eine Beschleunigung um den Faktor 10 ist für einzelne Reflexe machbar. Sollen allerdings spezielle Reflexverhalten, vergleichbar zum dynamischen Schwellwert bei LIF Neuronen, implementiert werden, ist eine Anpassung einer klassischen Implementierung mit deutlich mehr Aufwand verbunden. Limitierend ist bei einer If-Then-Else Implementierung aber dennoch die Geschwindigkeit mit der die Sensoren ausgewertet werden können. Probleme ergeben sich in so einem Fall auch bei der Skalierbarkeit, also einer steigenden Anzahl von Reflexen, welche bei Künstlichen Neuronalen Netzen sehr gut zu verwalten ist. Ebenfalls ist eine Parametrisierung und entsprechende Spezialisierung der einzelnen Reflexe mit steigender Anzahl bei einer klassischen Implementierung problematisch.

Eine abschließende Aufstellung der implementierten Reflexe, der dafür verwendeten Neuronen, ihrer Parameter und ihrer Abhängigkeiten ist in Tabelle 2.1 angegeben. Jeder Reflex wird in einer separaten Spalte dargestellt und der jeweils verwendete Neuronen-Typ in der zweiten Zeile zugeordnet. Wie in den entsprechenden Reflex-Templates (Abb. 2.6, Abb. 2.7 und Abb. 2.8) dargestellt, sind im Weiteren die jeweiligen Parameter zur Anpassung der

Reflextyp:	Greifreflex	Schlupfreflex	Stoßreflex
LIF-Neuronentyp	LIF mit dyn. Schwellwert	LIF regulär	LIF regulär
Parameter	Schwellwert ϑ, Ruhezeit t_{silent}	Schwellwert ϑ, Ruhezeit t_{silent}	Schwellwert ϑ, Ruhezeit t_{silent}
Eingänge	Schlupfsensor Taktilsensor	Schlupfsensor	Kraft-Momenten-Sensor
Blockiert Reflexe:	Stoßreflex Schlupfreflex	Stoßreflex	
Wird blockiert durch:		Greifreflex	Greifreflex
Aktiv wenn:	Greifer offen und leer	Objekt gegriffen	Roboterarm in Bewegung

Tab. 2.1.: Aufstellung der implementierten Reflexe, inklusive der verwendeten Neuronen, Parameter und ihrer Abhängigkeiten

Reflexe und die entsprechenden Eingänge für Sensordaten angegeben (Zeile 3 und 4). Die vorgelagerten Reflexe, die den Reflex der jeweiligen Spalte beeinflussen sind in der vorletzten Spalte angegeben. In der letzten Zeile sind schließlich Vorbedingungen angegeben, die erfüllt sein müssen, damit der Reflex überhaupt aktiviert werden kann.

3. Neues Konzept zur Analyse und Synthese von Roboterbewegungen

3.1. Zielstellung

Das nun folgende Kapitel widmet sich dem im Rahmen der Arbeit erstellten neuen Konzept zur Generierung von Roboterbewegungen für die zweibeinige Fortbewegung und stellt ein System zur Analyse solcher Bewegungen im Vergleich zu menschlichen Bewegungsdaten vor. Menschen bzw. Säugetiere allgemein sind bei ihrer Fortbewegung in der Lage, sich sehr schnell und unbewusst an verschiedene Untergründe und Situationen anzupassen. Zusätzlich dazu erfolgt die Fortbewegung sehr energieeffizient. Darum wurden als Vorbild für das neue Konzept zur Generierung von Roboterbewegungen zentrale Mustergeneratoren (engl. Central Pattern Generators (CPGs)) gewählt. Solche neuronalen Strukturen wurden bei Säugetieren als die Bereiche identifiziert, welche für die Generierung von zyklischen Muskelaktivierungen, wie sie beim Laufen auftreten [29, 30, 47, 49], verantwortlich sind.

3.1.1. Motivation für Analysesystem und Bewegungsgenerierung

Mittels der erwähnten CPGs lassen sich nach biologischem Vorbild Aktivierungsmuster für Roboter bzw. deren Aktoren erzeugen.

Es sollen jedoch nicht nur die Generierung, sondern auch die erzeugten Aktivierungsmuster denen des biologischen Vorbilds entsprechen. Im vorliegenden Fall, ist die Zielplattform ein humanoider Roboter. Er sollte die Aktivierungsmuster möglichst ähnlich dem menschlichen Vorbild, also menschlichen Muskelaktivierungen liegen. Bisher existierte noch kein ganzheitliches System, welches die entsprechenden Daten so aufbereitet, dass sie vergleichbar werden. Das setzt voraus, dass die Daten die bei einer Simulation erzeugt werden, ebenso wie die bei Versuchen gemessenen EMG-Signale und MotionCapturing-Daten aufbereitet werden, um einen Vergleich zu ermöglichen. Aus diesem Grund wurde im Rahmen der vorliegen Dissertation ein solches System entworfen und realisiert. Im Folgenden wird das neue System zur vergleichenden Analyse von künstlich generierten Aktivierungsmustern mit medizinischen Elektromyographischen(EMG)-Daten, also realen Muskelaktivierungen, vorgestellt. Bei der Elektromyographie wird über, auf die Haut aufgebrachte, Elektroden die elektrische Muskelaktivierung gemessen. Solch ein Verfahren wird vor allem in der medizinischen Diagnostik eingesetzt. Es findet jedoch auch in der Forschung Anwendung, unter anderem in der Entwicklung und Optimierung von Orthesen [136]. Außerdem wird ein modifiziertes CPG-Konzept zur Mustergenerierung für einen zweibeinigen, fluidisch angetriebenen Laufdemonstrator entwickelt und zur Anwendung gebracht. Dabei werden die Erkenntnisse, die aus der vergleichenden Analyse gewonnen wurden, berücksichtigt.

Wie in Abschnitt 1.3.4 vorgestellt, sind CPGs neuronale Strukturen, welche für die Generierung von zyklischen, also sich wiederholenden Bewegungen, verantwortlich sind. Hierbei können die Bewegungen auf zwei Arten beeinflusst werden. Zum Einen gibt der motorische Cortex im Gehirn eine bestimmte Geschwindigkeit vor, was sich in der Frequenz der Bewegung widerspiegelt. Das kann bewusst für die Fortbewegung geschehen, aber auch unbewusst z.B. bei der Herzfrequenz oder der Atmung. Zum Anderen haben afferente Signale von den sensorischen Organen des Körpers Einfluss auf die Intensität bzw. Amplitude der Anregung und Muskelaktivierung, also auf das Muster, mit denen die aktuatorischen Einheiten des Körpers angeregt werden. Beispiele hierfür sind Reflexe wie sie beim Husten oder Stolpern auftreten.

Mit dem in Abschnitt 3.2 beschriebenen neuen Analysesystem soll geklärt werden, wie genau künstliche CPGs eingestellt werden können. Ziel hierbei ist es, dass die generierten Signale denen menschlicher Muskeln so genau wie möglich entsprechen. Die Muskelaktivierungen wurden mittels EMG in Vorversuchen aufgezeichnet.

Dabei ist von Interesse, was für ein Rechenaufwand erforderlich ist, um das biologische System so exakt wie möglich nachzubilden. Weiterführend soll auch die Frage geklärt werden, welche Einschränkungen vorgenommen werden müssen, um solch ein System auch für die Praxis und den Einsatz auf humanoiden Robotern anwendbar zu machen.

Das führt schließlich zur Anwendung des Prinzips für die Bewegungssynthese und zweibeinige Lokomotion auf einem Demonstrator in Abschnitt 3.3 bzw. Kapitel 4. Hierbei sollen die Vorteile des entsprechend modifizierten biologischen Konzepts ausgenutzt werden. Da CPGs in der Lage sind, selbstständig Aktivierungsmuster zu erzeugen, reduziert das den Planungsaufwand im Vergleich zu klassischen Ansätzen wie Zero-Moment-Point (ZMP) deutlich [67, 157]. Des Weiteren sind CPGs in der Biologie in der Lage, leichte Störungen zu kompensieren, was auch die Sicherheit und Robustheit der Bewegungen eines humanoiden Roboters erhöht.

Bei der Wahl des Demonstrators wird hier der Schritt weg vom starr elektrisch aktuierten Roboter, wie zum Beispiel ASIMO, hin zum pneumatisch angetriebenen Roboter vollzogen. Die große Herausforderung, die damit einhergeht, ist, ob und wie sich Nachgiebigkeiten der Aktor-Komponenten zum Vorteil für das Gesamtsystem nutzen lassen und welchen Einfluss das auf die Synthese von Bewegungen mittels CPGs hat.

Ein weiterer Grund dafür CPGs zum Einsatz zu bringen, ist der Einsatz fluidischer Aktoren. Solche Aktoren erfordern eine deutlich komplexere Regelung, als es etwa bei klassischen elektrischen Antrieben der Fall ist. Der Grund dafür liegt in den verschiedenen externen Einflüssen, wie z.B. Luftfeuchtigkeit, Temperatur, Verformung und Kompressibilität, die eine vergleichbare Positionierungsgenauigkeit der Aktoren sehr erschweren. Es soll daher auch untersucht werden, ob es möglich ist, solche Einflüsse teilweise durch die beschriebenen Eigenschaften von CPGs (z.B. Störungskompensation oder stabiler Grenzzyklus) zu kompensieren. Damit könnte eine geringere Positionierungsgenauigkeit der Aktoren akzeptabel werden, da diese durch die CPGs aufgefangen wird, ohne das Gesamtlaufverhalten zu verschlechtern.

Bisher gibt es noch kein einheitliches Analysesystem, welches EMG-Daten erhält, die Parameter eines CPGs entsprechend optimiert und die Resultate vergleicht. Wenn aber die Aktivierungsmuster nicht nur in der Art wie sie generiert werden, sondern auch in ihrer Ausprägung dem menschlichen Vorbild entsprechen sollen, ist solch eine Analyse unumgänglich. Zusätzlich besteht die Stärke der biologischen CPGs in ihrer Flexibilität und der Möglichkeit sehr unterschiedliche Muster zu generieren. Entsprechend attraktiv sind sie daher für die Erzeugung für Gangbewegungen von Demonstratoren, bei denen schnell auf Veränderungen reagiert werden muss. Sei es, weil bestimmte Veränderungen nicht direkt erfasst werden können, z.B. wenn keine Bodenkontaktsensoren vorhanden sind und Bodenkontakt nur indirekt über Motorströme oder Drücke in Fluidaktoren gemessen werden kann, oder bei unteraktuierten Robotern, die auch über passive Gelenke verfügen.

3.1.2. Festlegung der Bewertungskriterien

Die Grundaufgabe eines CPGs lässt sich ganz allgemein formuliert so zusammenfassen, dass er ein Muster generiert, welches in einem bestimmten Rhythmus wiederkehrt. So eine Aufgabe lässt sich verständlicherweise auf sehr verschiedene Arten lösen. Die Programmierung eines CPGs unterscheidet sich grundsätzlich nach dem verfolgten Ziel. Liegt der Schwerpunkt auf der möglichst genauen Simulation eines biologischen Verhaltens, so sind Möglichkeiten zum genauen Einstellen des CPGs mittels Parametern essentiell. Steht die Mustergenerierung für einen Roboter oder eine Laufmaschine im Vordergrund, so soll das meist zur Laufzeit geschehen, was schnelle Berechnungen auf Kosten der Vielseitigkeit bei den Einstellmöglichkeiten erfordert.

Um die verschiedenen Ansätze bewerten und auch vergleichen zu können, ist die Definition von einheitlichen Kriterien notwendig, welche sich aber je nach Zielsetzung unterscheiden.

Die Vorteile von CPGs bei der Generierung von Bewegungsmustern in Robotern gegenüber herkömmlichen Methoden, wie z.B. Zero-Moment-Point Regelungen, hat Ijspeert in seinem Review zu CPGs aufgezeigt [67]. Darin wurden fünf Hauptpunkte identifiziert. Neben der Herausbildung von stabilen Gangzyklen eigenen sich CPGs auch sehr gut für verteilte Implementierungen. Je nach verwendeten Neuronentypen lassen sich die CPGs über wenige Parameter einstellen und bieten gute Möglichkeiten für die Integration von sensorischem Feedback und die Optimierung durch automatisierte Verfahren wie z.B. Evolutionäre Algorithmen.

Da eine verteilte Implementierung nur bei segmentweise aufgebauten Robotern, wie z.B. Schlangen, Vorteile bringt, spielt dieses Argument hier keine herausragende Rolle. Die anderen Vorteile fließen jedoch in die Zielsetzung und die entsprechenden Kriterien zur Bewertung der neu erstellten Analyseplattform, sowie der Umsetzung zur Bewegungsgenerierung auf einem zweibeinigen Demonstrator mit ein.

Als Hauptkriterium für die Bewertung gilt, dass entsprechend dem biologischen Vorbild der CPG in der Lage sein muss, leichte Störungen zu kompensieren (stabiler Grenzzyklus, sensorisches Feedback).

Die hierfür geltenden Rahmenbedingungen unterscheiden sich allerdings in dem wesentlichen Punkt, dass zum Einen eine möglichst genaue Annäherung an das biologische Vorbild in Form von EMG-Daten erreicht werden soll und zum Anderen die Bewegungsgenerierung für einen bipedalen Demonstrator zur Laufzeit erfolgen muss. Im ersten Fall liegt zwar eine deutlich höhere Anzahl an (z.T. gekoppelten) Parametern vor, jedoch wird so ein Nachteil durch die Eignung von CPGs für Optimierungsalgorithmen ausgeglichen. Im zweiten Fall kommt hingegen die geringe Anzahl an Parametern zum Tragen.

In beiden Fällen ist das vorrangige Ziel die Generierung eines stabilen Musters, welches im ersten Fall im Vergleich zu aufgenommenen EMG-Daten anhand des gemessenen Unterschieds der beiden Muster bewertet wird. Im zweiten Fall spielt hingegen der Rechenaufwand eine entscheidende Rolle, da die Berechnungen zur Laufzeit erfolgen sollen. In dem Szenario soll der Demonstrator in der Lage sein, leichte Störungen zu kompensieren und ein stabiles Gangmuster aufweisen.

Zusammengefasst lassen sich die Bewertungskriterien wie folgt formulieren.

1. Generierung der Bewegungsmuster zur Laufzeit,

2. stabiles Gangmuster, robust gegenüber Störungen,

3. geringe Abweichung vom menschlichen Vorbild und

4. Geschwindigkeitsänderungen aus der Bewegung heraus.

Dabei ist allerdings zu beachten, dass die Prioritätensetzung variieren kann, je nachdem, ob es sich um eine Offline-Simulation oder die Bewegungsgenerierung für einen zweibeinigen Demonstrator handelt.

Um die Ergebnisse und die Erfüllung der einzelnen Kriterien auch qualitativ und quantitativ bewerten zu können, ist eine genauere Einschränkung angebracht. Für Kriterium 1 ist es jedoch schwer, ein exaktes quantitatives Maß anzugeben, da sich die Rahmenbedingungen hier von System zu System und auch abhängig von der Geschwindigkeit ändern können. Explizit lässt sich jedoch definieren, dass die Berechnung der Bewegungsmuster maximal nur so lange dauern darf, dass eine entsprechende Erzeugung bzw. Umsetzung der Bewegung durch den Roboter noch rechtzeitig erfolgen kann. Für Kriterium 2 gibt es zwei Möglichkeiten der genaueren Definition. Entweder muss das System komplett eine Störung kompensieren können oder trotz Störung so lange stabil bleiben, bis eine entsprechende Reaktion bzw. Anpassung erfolgt ist. Da sich Störungen unterschiedlich stark ausprägen können und der zukünftige Einsatzbereich keine klaren quantitativen Definitionen von Störungen zulässt, werden hier beide Möglichkeiten zugelassen. Allgemein wird jedoch festgelegt, dass das System trotz Störung länger stabil bleiben muss, als die Erkennung der Störung und die entsprechende Reaktion darauf dauern. Im vorliegenden Fall wird der Zeitraum auf zwei Schritte festgelegt, da die Bewegungsdaten entsprechend zur Laufzeit generiert werden. Für Kriterium 3 lässt sich klar definieren, dass die erzeugten Bewegungsmuster bzw. Trajektorien sich möglichst innerhalb eines Toleranzbandes (siehe dazu [92]) um vergleichbare Bewegungen des Menschen befinden müssen. Diese beiden Kriterien sollen ebenso gelten, wenn die Soll-Geschwindigkeit der Bewegungen geändert wird (Kriterium 4).

3.2. Neues Analysesystem zum Vergleich von Aktivierungsmustern

Da biologische Organismen sehr komplex sind, ist die Frage, wie genau sie sich simulieren lassen und wo die Grenzen und Schwierigkeiten liegen. Erst recht, wenn es um so etwas Komplexes wie den menschlichen Bewegungsapparat geht, ist eine genaue Nachbildung der neuronalen Vorgänge, die der Generierung von Muskelaktivierungen beim Gehen und Laufen zugrunde liegen, ausgesprochen schwierig.

Im Bereich der humanoiden Robotik ist aber genau das eines der Hauptziele bei der Entwicklung von Steuerungs- und Regelungsstrategien, nämlich die Bewegungen des Roboters so menschenähnlich wie möglich zu machen. Auch das Verhalten bei Störungen oder in unterschiedlichen Situationen, z.B. sich veränderndem Untergrund, soll dem Menschen nachempfunden sein.

Ein Verständnis solcher Vorgänge im Menschen ist aber eine Grundvoraussetzung, wenn darauf basierend für einen Roboter Bewegungen generiert werden sollen, die dem menschlichen Vorbild möglichst nahe kommen.

Bislang existierte jedoch noch kein System speziell zur vergleichenden Analyse von menschlichen Daten mit computergenerierten Aktivierungsmustern. Darum wurde ein neues Analysesystem dafür entworfen und zusätzlich um eine automatisierte Parameteroptimierung für die CPGs erweitert, mit dem Ziel, die unterschiedlichen Daten direkt vergleichen und bewerten zu können. In Abb. 3.1 ist das Konzept des Analysesystems mit den einzelnen Bereichen als Blockschaltbild dargestellt.

Das System verfügt neben einer Vorverarbeitung für Bewegungs- und Elektromyographische-(EMG)-Daten über verschiedene Komponenten zur Ganganalyse und Berechnung von Kinematiken, für welche ein anthropomorphes Modell zum Einsatz kommt. Des Weiteren besteht es aus Einheiten für die Simulation von CPGs, für die Parameteroptimierung der CPGs und natürlich die entsprechenden Mechanismen zum Vergleich der EMG mit den CPG-Daten. Der genaue Aufbau und die Funktionsweisen der jeweiligen Komponenten werden detailliert in Abschnitt 3.2.2 beschrieben.

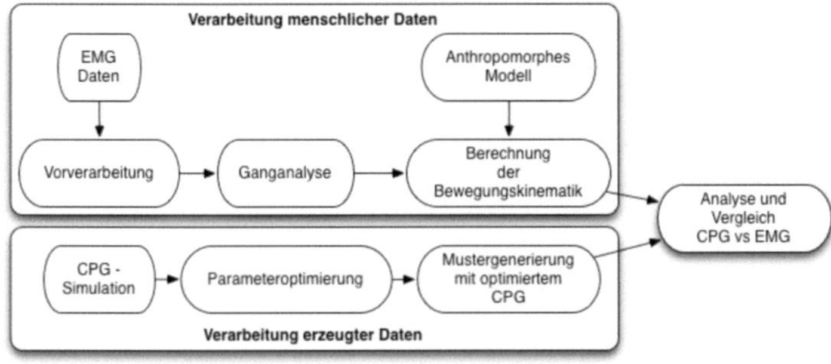

Abb. 3.1.: Konzept des Analysesystems zum Vergleich von menschlichen und künstlich erzeugten Daten.

3.2.1. Datenaufnahme und Vorverarbeitung

Als Vergleichsgrundlage für die mittels CPGs generierten Aktivierungsmuster wurden an verschiedenen Einrichtungen, der Orthopädischen Uni-Klinik in Heidelberg und dem Institut für Sport und Sportwissenschaft des Karlsruher Institut für Technologie (KIT), Daten aufgezeichnet. Dabei waren zwei Arten von Daten für die Aufgabe relevant, Bewegungsdaten des Körpers und die neuronalen Aktivierungen der Muskeln während der Bewegung. Abhängig von der Art der Aufzeichnung und des verwendeten Verfahrens wurden verschiedene Datensätze aufgenommen, deren Bezeichnungen in Tabelle 3.1 enthalten sind.

Die kinematischen Daten wurden mittels Motion Capturing aufgenommen. Bei diesem Verfahren wird ein Proband mit reflektierenden Markern an vordefinierten Stellen des Körpers versehen und die Bewegung der so markierten Punkte im Raum mittels mehrerer infrarot-sensitiver Kameras aufgezeichnet. Hierbei sind die Kameras so angeordnet, dass auch bei Überdeckungen der Marker stets mindestens zwei Kameras jeden Marker aufnehmen. So kann eine lückenlose Rekonstruktion der Bewegungen im Raum als 3D-

Bezeichnung	Art der Daten	Aufnahmeverfahren	Ort der Aufnahme
HD-EMG	Muskelaktivierung	Elektromyographie	Orth. Uni-Klinik HD
HD-MoCap-NA	BD nicht amputiert	Motion Analysis Corp.	Orth. Uni-Klinik HD
IfSS-MoCap-NA	BD nicht amputiert	Motion Cap. VICON	IfSS
IfSS-MoCap-A	BD amputiert	Motion Cap. VICON	IfSS

Tab. 3.1.: Bezeichnungen der unterschiedlichen Datensätze zur Bewegungsanalyse (BD = Bewegungsdaten, HD = Heidelberg, IfSS = Institut für Sport und Sportwissenschaft des KIT)

Trajektorien für das Softwaresystem gewährleistet werden. Hierbei werden aus den ermittelten 3D-Trajektorien der aufgenommenen Bewegungen des menschlichen Körpers die gewünschten Winkel, Positionen, Geschwindigkeiten und Beschleunigungen errechnet. Neben der Filmindustrie, für Spezialeffekte, wird das Verfahren auch bei Sportlern zur Analyse und Optimierung von Trainingsprogrammen eingesetzt. Außerdem kommt sie zu Diagnose- und Rehabilitationszwecken nach neurologischen oder orthopädischen Behandlungen zum Einsatz. In der Robotik dient die Analyse solcher Daten dem Design von zweibeinigen Robotern [116] und unterstützt den Entwurf von Bewegungsalgorithmen [3]. In den letzten Jahren wurden dafür auch entsprechend spezialisierte Systeme geschaffen, um die Auswertungen zu automatisieren bzw. zielgerichtet anzuwenden [92, 142, 163–165].

Die Bewegungsdaten im Datensatz HD-EMG und HD-MoCap-NA wurden mittels eines Systems der Firma Motion Analysis Corp., USA, bestehend aus sechs hochauflösenden infrarot-sensitiven CCD-Kameras aufgenommen, die Sampling-Rate betrug $60\,Hz$. Die Aufnahmen fanden in Zusammenarbeit mit der Arbeitsgruppe von Herrn Rüdiger Rupp an der Orthopädischen Uni-Klinik in Heidelberg statt. Die Aufnahmen am IfSS erfolgten mit Unterstützung der Arbeitsgruppe der Herren Thorsten Stein und Andreas Fischer. Da das Hauptaugenmerk auf der Gangbewegung des Menschen liegt, waren

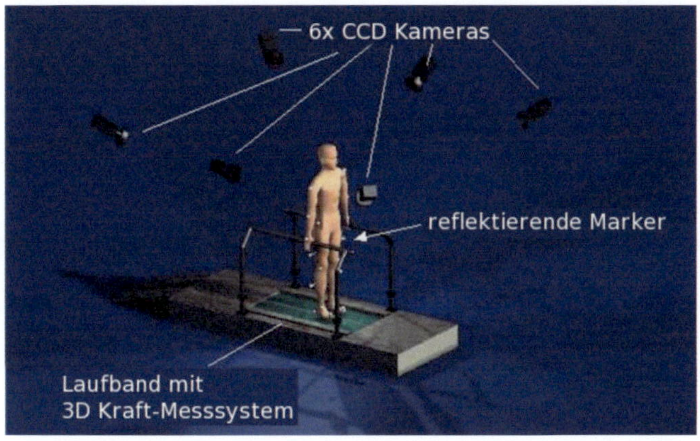

Abb. 3.2.: Schematischer Aufbau des Systems zur Aufnahme menschlicher
Gangbewegungen [106]

die Kameras um ein Laufband angeordnet, auf dem ein 24-jähriger Proband
(Proband C) bei unterschiedlichen Geschwindigkeiten ging bzw. lief.

In Abb. 3.2 ist die Anordnung für die Aufnahme von Bewegungsdaten mittels infrarot-sensitiver Kameras schematisch dargestellt. Der Proband bewegt sich während der Aufnahme auf einem Laufband entsprechend der Bewegungen die aufgenommen werden sollen. Er ist dabei mit reflektierenden Markern versehen, die von sechs CCD Kameras (oben in Abb. 3.2) aufgezeichnet werden. Das Laufband (in Abb. 3.2 unten) ist zusätzlich mit einem 3D-Kraft-Messsystem versehen, um den Bodenkontakt der Füße beim Gehen zu erfassen.

Proband C war nach dem Helen-Hayes-Markersatz mit reflektierenden Markern versehen [72, 73]. Dabei wird eine minimale Anzahl von Markern an markanten anatomischen Stellen des Körpers angebracht, welche eine komplette Rekonstruktion der Bewegungen erlauben. Da die Marker auf die Haut aufgeklebt werden, sind die jeweiligen Stellen meist Bereiche, in denen sehr wenig Gewebe (Muskeln, Fett oder Haut) zwischen Hautoberfläche und Knochen liegt. Damit wird der Fehler, welcher bei der Übertragung auf ein Skelettmodell durch die Distanz zwischen Oberfläche und Knochen entsteht, gering gehalten. Abb. 3.3 zeigt die anatomischen Positionen der Marker nach dem verwendeten Markerverfahren. Die Positionen sind sowohl von der Seite betrachtet (links in Abb. 3.3), als auch für eine frontale Ansicht (rechts) dargestellt. Die Markerpositionen für die rechte Seite (im Bild mit vorangestelltem "R" gekennzeichnet, gelten ebenfalls für die linke Körperseite "(L)".

Die jeweiligen Aufnahmen entstanden im Rahmen einer, während der Dissertation betreuten, Diplomarbeit [37] und unterteilten sich in die folgenden Szenarien:

- Normales Gehen mit konstanten Geschwindigkeiten $0,4\,m/s$; $0,7\,m/s$; $1,0\,m/s$; $1,3\,m/s$; $1,6\,m/s$.

- Gehen mit variablen Geschwindigkeiten, beginnend bei $0,4\,m/s$, anschließend Beschleunigung auf $1,0\,m/s$ und danach auf $1,6\,m/s$.

- Anlaufen aus dem Stand, Gehen und anschließendes Anhalten.

- Gehen mit unerwarteten Störungen (Veränderungen der Laufbandgeschwindigkeit) und

- Gehen mit asymmetrischen Gangmustern (Humpeln).

Mit den Versuchen sollte neben den regulären gleichmäßigen Gangmustern auch die Anpassungsfähigkeit auf unterschiedliche Einflüsse untersucht werden. Allerdings wurden Geschwindigkeitsänderungen des Laufbandes immer von entsprechenden Geräuschen begleitet, so dass der Proband nicht vollkommen unvorbereitet den Störungen ausgesetzt war. Aus Sicherheitsgründen war es nicht möglich, andere Störungen wie z.B. unvorhergesehenes Stolpern zu simulieren.

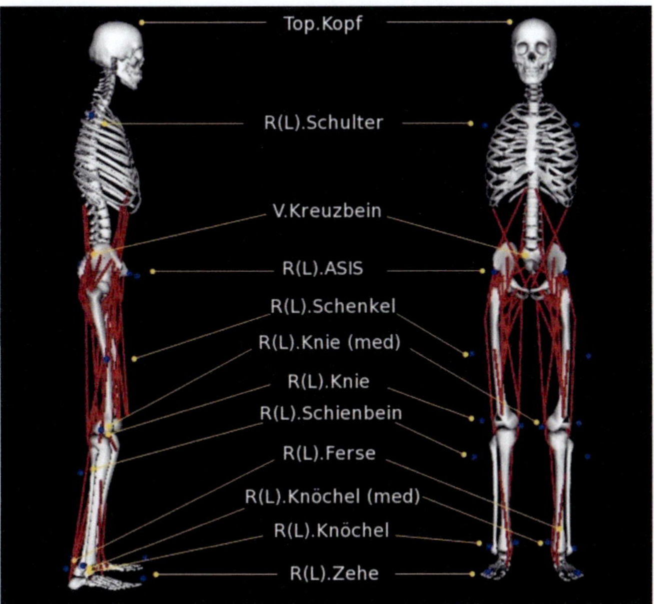

Abb. 3.3.: Plan zur Platzierung von reflektierenden Markern nach dem Helen-Hayes-Markersatz [72, 73] (übersetzt aus [37])

Bei den Aufzeichnungen mit asymmetrischen Gangmustern bzw. Humpeln wurde die Reling des Laufbandes zum Abstützen genutzt, was bei der Auswertung der Daten berücksichtigt wurde.

Um die Adaption der Gangbewegungen bei Geschwindigkeitsänderungen zu untersuchen, wurden sowohl Daten aufgezeichnet, wenn der Proband aus dem Stand anlief bzw. die Ganggeschwindigkeit erst verlangsamt und schließlich angehalten hat. Außerdem wurden Beschleunigungsphasen aus der Bewegung heraus aufgezeichnet.

Zusätzlich zur Kinematik des menschlichen Gangs wurden mittels Elektromyographie (EMG) die neuronalen Aktivierungen von wichtigen am Gang beteiligten Muskeln aufgenommen. Zur Aufnahme der Reize stehen zwei

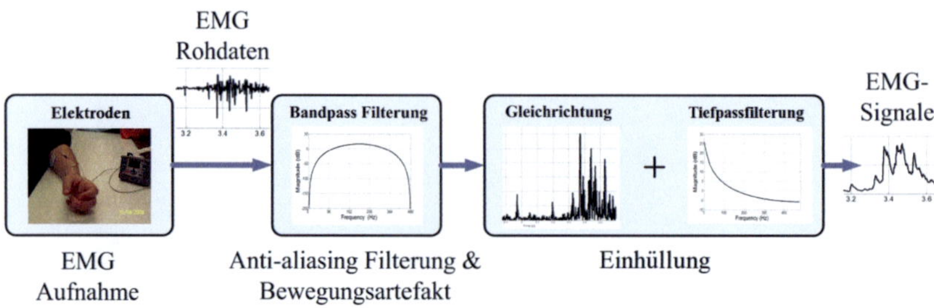

Abb. 3.4.: Schematische Darstellung der EMG-Datenaufnahme [37]

Möglichkeiten (dermal, also auf der Haut und invasiv, also direkt am Muskel bzw. Nerv) zur Verfügung. Da es aber im vorliegenden Fall aus ethischen Gründen nicht vertretbar war, die Nervensignale über invasive Methoden zu messen, wurde ein Verfahren zur Messung der Muskelaktivierungen über die Haut verwendet. Dabei werden über, auf die Haut aufgeklebte, Elektroden die elektrischen Signale gemessen, deren Amplituden bis zu knapp 1mV betragen können. Die Arbeitsschritte zur Aufnahme der Daten mit diesem Verfahren sind schematisch in Abb. 3.4 dargestellt. Zuerst werden die EMG-Rohdaten über, auf der Haut angebrachte, Elektroden aufgenommen (Abb. 3.4 links). Über eine Bandpassfilterung erfolgt das Anti-Aliasing (Mitte) und durch eine Gleichrichtung und anschließende Tiefpassfilterung der Signale (rechts) ergeben sich schließlich die bereinigten EMG-Signale für die weitere Verarbeitung. Da die vom Muskel erzeugte Kraft jedoch deutlich länger anhält als die eigentliche Aktivierung des Muskels durch die Muskelaktivierungssignale, erfolgt eine Vorverarbeitung der direkten EMG-Signale. Diese wurden mit $960\,Hz$ aufgezeichnet, wobei ein Butterworthfilter 5. Ordnung als Bandpassfilter mit Kantenfrequenzen von $10\,Hz$ bzw. $350\,Hz$ zum Einsatz kam. Danach wurden die Daten zuerst gleichgerichtet und anschließend folgte ein Tiefpassfilter (IIR Filter 1. Ordnung, als Parameterwert wurde $0,95$ gewählt). Die genannten Werte entsprechen dem Standard bei der Aufnahme von EMG-Signalen (bipolar).

Das verwendete Verfahren hat allerdings den Nachteil, dass nicht explizit nur Daten vom gewünschten Muskel aufgenommen werden, sondern auch von umgebenden Muskeln Aktivierungsmuster einstreuen. Das wird Crosstalk genannt und macht es vor allem auch wegen der Verschiebung der Haut (auf der der Sensor angebracht ist) gegenüber dem Muskel sehr schwierig, exakte Daten zu genau einem Muskel zu erhalten. Der genannte Umstand, der im medizinischen Bereich und bei der Diagnostik zu einem Problem werden kann, wurde in der vorliegenden Arbeit aber insofern ausgenutzt, dass mehrere an der Bewegung beteiligte Muskeln trotz einer limitierten Anzahl an Messelektroden gemeinsam gemessen werden konnten. Das ist insbesondere deswegen praktikabel, da beim geplanten Einsatz der Aktivierungsmuster auf einem Roboter davon auszugehen ist, dass nur ein bis zwei Aktoren (je nach dem, ob Elektromotor oder pneumatische Antagonisten) pro Freiheitsgrad zur Verfügung stehen. Daher ist ein aus mehreren Muskeln kumuliertes Aktivierungssignal für die technische Umsetzung deutlich realistischer. Dabei wird angenommen, dass insbesondere benachbarte Signale mit gleicher Funktion Beuger (Flexion) bzw. Strecker (Extension) von Gelenken einstreuen.

Die wichtigsten Muskelgruppen, welche am Gang des Menschen beteiligt sind, sind in Tabelle 3.2 aufgelistet.

Als wichtigste Muskeln für die Erzeugung der Gangbewegung in der Hüfte wurden die Oberschenkelmuskeln Rectus femoris für die Flexion und der Biceps femoris für die Extension identifiziert (siehe Abb. 3.5 und Tabelle 3.2). In Abb. 3.5 ist links die Vorderseite eines menschlichen Oberschenkels dargestellt, der Rectus femoris ist rot hervorgehoben. Auf der rechten Seite ist die Rückseite eines menschlichen Oberschenkels mit dem rot hervorgehobenen Biceps femoris zu sehen. Der in Abb. 3.2 dargestellte schematische Aufbau zur Aufnahme von Bewegungsdaten ist als reales Szenario in Abb. 3.6 zu sehen. Im Hintergrund oben befindet sich eine der sechs CCD Kameras und

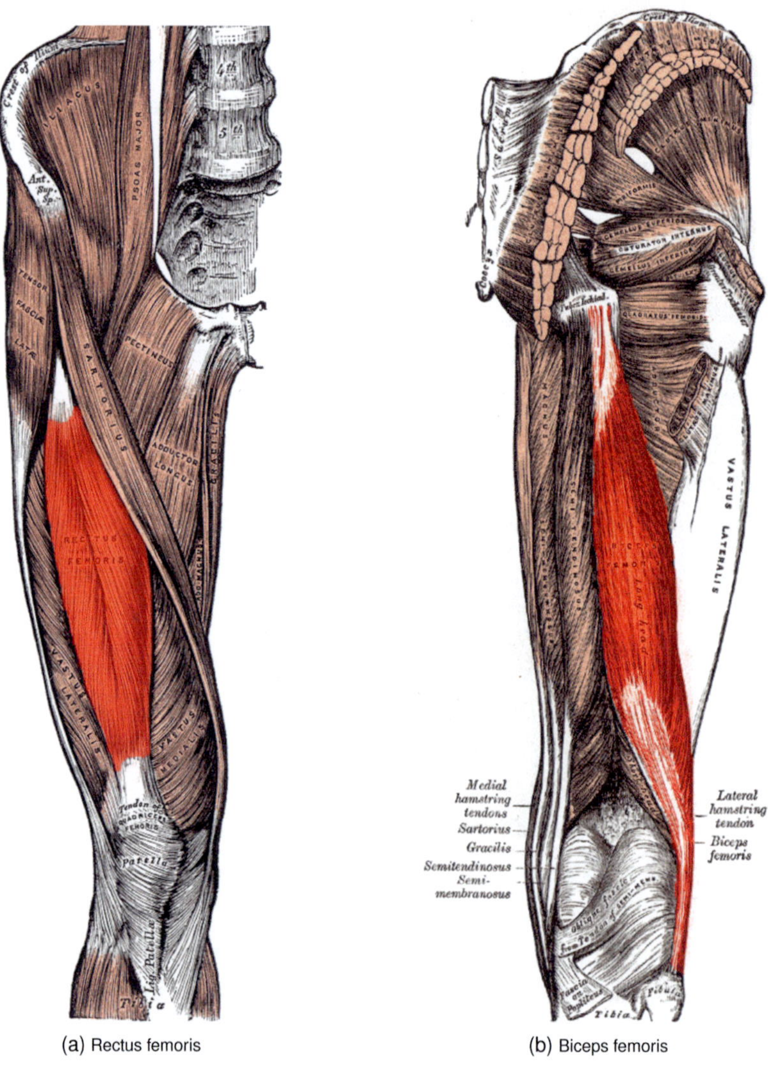

(a) Rectus femoris

(b) Biceps femoris

Abb. 3.5.: Oberschenkelmuskeln für EMG-Messung [60]

Gelenk	Funktion	Muskel
Hüfte	Flexion	Iliopsoas, Sartorius, Rectus Femoris
	Extension	Gluteus Maximus, Biceps Femoris
	Abduktion	Gluteus Medius/Minimus
	Adduktion	Adductor Longus, Gracilis
Knie	Flexion	Biceps Femoris
	Extension	Vasti/Rectus Femoris
Knöchel	Dorsalextension	Tibialis Anterior
	Plantarflexion	Gastrocnemius/Soleus
	Inverter	Tibialis anterior/posterior
	Everter	Peronei

Tab. 3.2.: Hauptmuskelgruppen für die Erzeugung von Gangbewegungen

Vasti und Rectus Femoris werden auch Quadriceps genannt. Der Triceps surae besteht aus Gastrocnemius und Soleus [51].

der Proband bewegt sich auf dem Laufband, versehen mit EMG Oberflächenelektroden und Markern. Daten wurden in verschiedenen Versuchsszenarien aufgezeichnet. Die Szenarien umfassten neben Laufen mit unterschiedlichen konstanten Geschwindigkeiten zwischen $0,4\ m/s$ und $1,6\ m/s$ auch Beschleunigen bzw. langsamer werdendes Gehen und Anlaufen aus dem Stand, gefolgt von Gehen mit abschließendem Anhalten.

In Abb. 3.7 sind beispielhaft die direkt aufgezeichneten (oben) und die fertig gefilterten EMG-Daten (vgl. Abb. 3.4 mit Bandpass, Gleichrichtung und Tiefpass) des ebenfalls aufgezeichneten Unterschenkelmuskels Gastrocnemius dargestellt.

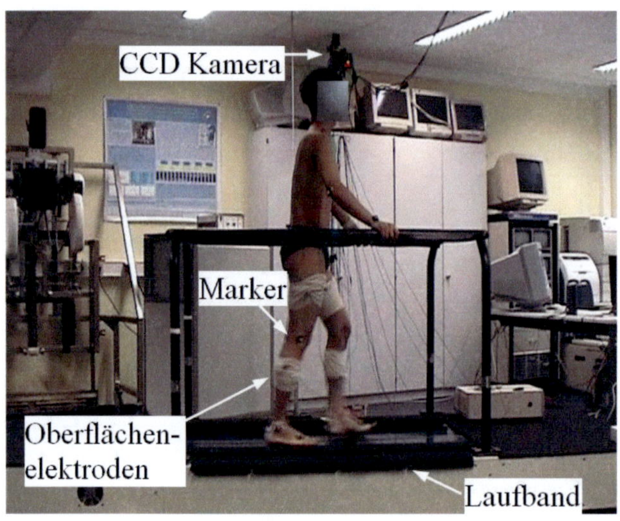

Abb. 3.6.: Versuchsaufbau zur EMG-Datenaufnahme mit Proband (für Datensätze HD-EMG und HD-MoCap-NA) [37]

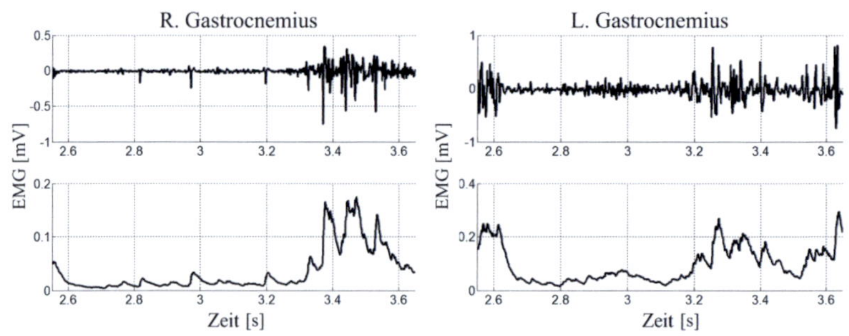

Abb. 3.7.: EMG-Daten des Gastrocnemius auf der rechten (R) und linken (L) Körperseite vor (oben) und nach der Filterung (unten) (Datensatz HD-EMG) [37]

3.2.2. Aufbau des Simulationssystems

Wie bereits erwähnt, besteht das Gesamtsystem aus verschiedenen Komponenten, welche zum Teil bereits als Stand-alone-Anwendungen existierten. Die jeweilige Funktion der entsprechenden Komponenten und ihr Zusammenspiel im Analysesystem soll nun im Folgenden beschrieben werden.

Für die Auswertung der EMG-Daten wurde eine Software zur Simulation von Biomechanik, das Freeware-Tool OpenSim [44], verwendet. Die Software ermöglicht die Berechnung der direkten und inversen Kinematik und Dynamik, sowie die Analyse von Muskelkräften in Bewegungsdaten. Als OpenSource ist OpenSim über die Projekt-Homepage[1] frei verfügbar.

Die Analyse der Beinbewegungen erfolgte über die ebenfalls frei verfügbare Matlab-Toolbox Gait-CAD [104].

Für die Programmierung des CPGs zur simulativen Generierung solcher Muskelaktivierungen wurde die Software NEURON[2] der Yale Universität gewählt [63]. Ausschlaggebend hierfür war, dass es sich um eine auf C++ basierende Toolbox handelt, welche mittels des Hodgkin-Huxley-Modells (HHM) [65] alle relevanten Ionen, die bei Signalübertragungen in Nerven eine Rolle spielen, berücksichtigt.

Durch die Verwendung des HHM mit mehreren Differentialgleichungen ist die Berechnung zwar sehr aufwändig, allerdings steht dabei die möglichst genaue Simulation der neuronalen Vorgänge im Fokus. Des Weiteren ermöglichen die vielen Parameter für die jeweiligen Ionen-Kanäle ein sehr genaues Einstellen des CPGs.

Die Differentialgleichungen des HHM mit den drei wichtigsten Ionenströmen für Natrium I_{Na}, Kalium I_K und den Leckstrom I_L [68, 78, 120] wurden

---

[1]https://simtk.org/home/opensim - Stand: 02.04.2012

[2]http://www.neuron.yale.edu/neuron/ - Stand: 02.04.2012

noch um den persistenten Natriumstrom I_{NaP} ergänzt [141], um die Modellierung eines CPG-typischen Verhaltens zu ermöglichen. Hiermit wurden die Schrittmacher- bzw. Pacemaker-Neuronen wie folgt modelliert [37, 38, 140]:

$$I_{Ion,Burster}(t) = I_{Na}(t) + I_K(t) + I_L(t) + I_{NaP}(t) \tag{3.1}$$

$$I_{Na}(t) = g_{Na,max} \cdot m_{Na}^3(t) \cdot h_{Na}(t) \cdot (V_m(t) - E_{Na}) \tag{3.2}$$

$$I_K(t) = g_{K,max} \cdot m_K^4(t) \cdot (V_m(t) - E_K) \tag{3.3}$$

$$I_L(t) = g_L(V_m(t) - E_L) \tag{3.4}$$

$$I_{NaP}(t) = g_{NaP,max} \cdot m_{NaP}(t) \cdot h_{NaP}(t) \cdot (V_m(t) - E_{Na}). \tag{3.5}$$

Hierbei repräsentieren die Konstanten E_x ($E_{Na} = 55\ mV$; $E_K = -85\ mV$; $E_L = -55\ mV$) die Umkehrpotentiale der Ionenströme und g_x ($g_{Na,max} = 120\ mS/cm^2$; $g_{K,max} = 48\ mS/cm^2$; $g_{NaP,max} = 13\ mS/cm^2$; $g_L = 3\ mS/cm^2$) die Maxima der Leitfähigkeiten.

Da die Widerstände für die Berechnung vom Querschnitt der Nervenfaser abhängen, werden sie mit $R \cdot A$ (*Widerstand R mal Fläche A*) angegeben und entsprechend die Leitfähigkeiten und Ionenströme pro Fläche. Im folgenden werden die Ionenstromdichten der besseren Lesbarkeit wegen analog zur Literatur weiter als Ionenströme bezeichnet [24, 120].

Die jeweiligen m sind die Aktivierungsvariablen und h entspricht der Inaktivität des Neurons, wobei es die Durchlässigkeit der Ionen-Kanäle mit Werten zwischen 0 und 1 darstellt.

Die für einen vollständigen CPG notwendigen Moto-Neuronen werden mit den Ionenströmen, welche normalerweise im Zellkern bzw. Soma auftreten, modelliert. Die mit einem zusätzlichen N bzw. L im Index bezeichneten Ströme für Calcium bezeichnen dabei die N- bzw. L-Typ-Kanäle. N steht dabei für "neural", L für "long-lasting". Ersteres konkretisiert, dass es sich um Calcium-Ionen der Neuronen handelt, zweiteres bezieht sich auf Ströme, die lang anhaltend sind [37, 38, 140].

$$I_{Ion,Moto,Soma}(t) = I_{Na}(t) + I_K(t) + I_L(t) + I_{CaN}(t) + I_{K(Ca)}(t) \qquad (3.6)$$

$$I_{CaN}(t) = g_{CaN,max} \cdot m_{CaN}^2(t) \cdot h_{CaN}(t) \cdot (V_m(t) - E_{Ca}) \qquad (3.7)$$

$$I_{K(Ca)}(t) = g_{K(Ca),max} \cdot m_{K(Ca)}(t) \cdot (V_m(t) - E_K) \qquad (3.8)$$

$$g_{K(Ca),max} = \frac{Ca}{Ca + K_d} \qquad (3.9)$$

$$\frac{dCa}{dt} = f_{Ca}(-\alpha_{Ca} \cdot I_{Ca}(t) - k_{Ca} \cdot Ca). \qquad (3.10)$$

Entsprechend werden auch die Ströme in den Dendriten modelliert, bestehend aus [37, 38, 140]:

$$I_{Ion,Moto,Dend}(t) = I_{CaN}(t) + I_{K(Ca)}(t) + I_{CaL}(t) \qquad (3.11)$$

$$I_{CaL}(t) = g_{CaL,max} \cdot m_{CaL}(t) \cdot (V_m(t) - E_{Ca}). \qquad (3.12)$$

Die Werte für die Konstanten in den Gleichungen wurden in einem heuristischen Verfahren auf die folgenden Werte gesetzt, da sie dabei zu den besten Ergebnissen führten [37]:

- $g_{CaL,max}$ $0,33\ mS/cm^2$,

- $g_{CaN,max}$ $14\ mS/cm^2$ im Soma, $0,3\ mS/cm^2$ in den Dendriten und

- $g_{K(Ca),max}$ $1,1\ mS/cm^2$ im Soma, $5\ mS/cm^2$ in den Dendriten.

Solche komplexen mathematischen Gleichungssysteme mit mehreren Differentialgleichungen führen zu einem hohen Rechenaufwand. Ergänzend dazu macht die Vielzahl an unterschiedlichen Parametern (je nach Granularität der Einstellung über 20 verschiedene), welche sich auch noch gegenseitig beeinflussen, das Einstellen der Parameter von Hand unmöglich. Um eine aussagekräftige Bewertung der vom CPG erzeugten Aktivierungsmuster im Vergleich zu gemessenen menschlichen Muskelaktivierungen zu ermöglichen, ist daher eine automatisierte Parametrisierung notwendig, welche z.B. über die Auswahl aus einer Liste möglicher Parametersätze erfolgen kann, die zuvor über einen Evolutionären Algorithmus ermittelt wurden.

Aus der Biologie sind dabei vor allem die beteiligten Ionenstromdichten und -konzentrationen bekannt. Ziel ist es im vorliegenden Fall jedoch, die mittels EMG gemessenen Muskelaktivierungen eines einzelnen Individuums möglichst genau nachzubilden. Daher reicht es nicht, ein Muster zu erzeugen, welches einer allgemeinen Muskelaktivierung ähnelt. Es ist darum notwendig, das generierte Muster über Anpassungen der Ionen-Leitfähigkeiten dem der gemessenen Referenzkurve möglichst genau anzunähern.

Dafür wurde ein neues Softwaresystem im Rahmen der vorliegenden Arbeit aufgebaut, welches eine ganzheitliche Analyse der Daten und zusätzlich eine automatisierte Optimierung der Parametersätze ermöglicht. Die Optimierung basiert auf dem Evolutionären Algorithmus GLEAM [21–23] und der entsprechenden Matlab Toolbox GLEAMKIT [25].

Der Aufbau des Gesamtsystems ist in Abb. 3.8 dargestellt. Die aufgenommenen Daten werden mittels OpenSim vorverarbeitet (Abb. 3.8 links unten) und schließlich in Gait-CAD [105] weiterverarbeitet (unten Mitte) um einzelne Ereignisse, z.B. Doppelschritte, zu segmentieren. Danach gehen die Daten in die Simulation der neuronalen Modelle und schließlich in die Generierung der Muskelaktivierung mittels NEURON ein (Mitte rechts). Anschließend erfolgt eine Auswertung, bei der die generierten Muskelaktivierungen mit den am Probanden gemessenen verglichen werden (oben links). Die Ergebnisse der Auswertung gehen schließlich in die Parameteroptimierung mittels des Evolutionären Algorithmus und der entsprechenden Matlab-Toolbox GLEAM/GLEAMKIT [25] ein (oben Mitte) und werden an NEURON für den nächsten Simulationsdurchlauf zurückgegeben. Hierbei werden die Optimierungsläufe von GLEAM [21–23] mittels IAIDataShare [33, 34] (oben rechts) auf mehrere Rechner verteilt, um die Auswertung der einzelnen Generationen an Populationen zu beschleunigen. Die Optimierung mit GLEAM erfolgt prinzipiell so, dass unterschiedliche Parametersätze erzeugt und mit diesen der CPG in NEURON gestartet wird. Für die Ergebnisse wird eine Bewer-

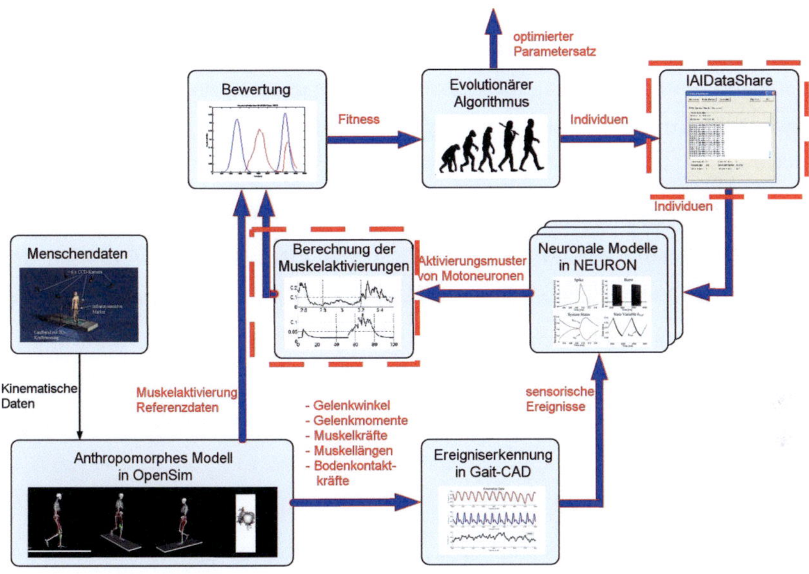

Abb. 3.8.: Struktur des Gesamtsystems zur Mustergenerierung (modifiziert nach [25] und [15] sind rot gestrichelt)

tung im Vergleich zum gewünschten Ergebnis erstellt. Die Parametersätze mit der besten Bewertung finden dann leicht variiert (Mutation) wieder Eingang in die nächste Iteration des Evolutionären Algorithmus. Die Verteilung auf mehrere Rechner wurde durch die zeitlich aufwändige Simulation der Aktivierungsmustergenerierung mittels der in NEURON programmierten CPGs notwendig, da ein einzelner Simulationsdurchlauf je nach verwendeter Hardware bis zu 50 Sekunden dauern konnte.

Das so erweiterte Gesamtsystem ist nun unabhängig von der Art der gemessenen Bewegungsdaten in der Lage, die Parameter eines implementierten CPGs so zu optimieren, dass die künstlich generierten Aktivierungsmuster das biologische Vorbild möglichst genau abbilden. Damit ist gemeint, dass die Signalverläufe der per CPG generierten Aktivierungsmuster möglichst deckungsgleich den EMG-Signalen, also den Muskelaktivierungen, sind. Messbar ist das z.B., indem die Fläche zwischen den beiden Kurven minimiert wird. Zusätzlich dazu lassen sich die unterschiedlichen Auswirkungen einzelner Parametereinstellungen untersuchen.

Für die Optimierung wurden unterschiedliche Parameter ausgewählt, da sich die einzelnen Parameter im Grad ihres Einflusses auf das Verhalten des CPGs stark unterscheiden. Da der Einfluss einiger Parameter auf das Gesamtsystem nur sehr gering und dadurch vernachlässigbar ist, wurden zwei unterschiedliche Parametersätze definiert, optimiert und sowohl untereinander, als auch mit einem, von einem Experten parametrisierten, Aktivierungsmuster verglichen.

Der erste Parametersatz setzt sich aus vier Werten zusammen, welche den stärksten Einfluss auf das Systemverhalten darstellen. Hierbei handelt es sich um die Zeitkonstante und die ionische Leitfähigkeit der persistenten Natrium-Kanäle der Motoneuronen (g_{NaP}) im CPG jeweils für Flexor und Extensor im Bereich von 200 bis 800 ms bzw. $0,005$ bis $0,05$ $\frac{mS}{cm^2}$. Die Werte wurden jeweils im Rahmen der Arbeit ermittelt.

Um einen Vergleichswert über die Zunahme von Rechenzeit und Gütefunktion zu erhalten, wurden für das zweite Szenario zusätzlich zu den vier Parametern aus dem ersten Parameterszenario weitere zehn verschiedene Variablen ausgewählt. Davon wurden jeweils fünf für Flexor und Extensor gewählt. Hierbei wurden die Wertebereiche und Einflüsse in Zusammenarbeit mit Studenten und Experten zusammengestellt [26]:

- Die Natrium-Leitfähigkeit g_{Na} (verantwortlich für den Anstieg der Spikes), Wertebereich von $0,012$ bis $0,5$ $\frac{mS}{cm^2}$,

- die Kalium-Leitfähigkeit g_K (verantwortlich für den Abfall der Spikes), Wertebereich von $0,001$ bis $0,05 \ \dfrac{mS}{cm^2}$,

- die Leck-Leitfähigkeit g_L (verantwortlich für die Dauer eines Spikes), Wertebereich von $0,00001$ bis $0,001 \ \dfrac{mS}{cm^2}$,

- die Calcium-Leitfähigkeit g_{CaN} (verantwortlich für die Plateaus), Wertebereich von $0,001$ bis $0,05 \ \dfrac{mS}{cm^2}$ und

- die Kalium kontrollierte Calcium-Leitfähigkeit $g_{K(Ca)}$ (ebenfalls für die Plateaus), Wertebereich von $0,001$ bis $0,01 \ \dfrac{mS}{cm^2}$.

Ziel ist es, eine Parametereinstellung zu ermitteln, welche den CPG so einstellt, dass sich die erzeugten Aktivierungsmuster möglichst gut mit den gemessenen EMG-Daten decken. Die Güte der Ergebnisse wurde durch Vergleich der Datenkurven ermittelt, wobei nicht nur die Position und Amplitude von lokalen Extrema, sondern auch der überstrichene Bereich der Kurven als Kriterium dienten. Die Details für die Bewertungsfunktion sind im Abschnitt 3.2.4 dargelegt.

Im biologischen Muskel sind die anhaltenden Calcium Ströme I_{CaL} für normale und weiche Muskelkontraktionen zuständig, also bei normalen Bewegungen, aber nicht bei Muskelzuckungen oder Spasmen. Die I_{CaN} Ionen-Kanäle hingegen konzentrieren sich auf Nervengewebe. Der Kalium-Kanal $I_{K(Ca)}$ wiederum ist zur Integration von calcium-abhängigen Verhalten notwendig. Dem wurde in der Auswahl der Parameter Rechnung getragen. In Abb. 3.9 ist nun die Verschaltung der einzelnen Neuronen im CPG zu sehen.

Dabei werden die Neuronen nach ihrer Zugehörigkeit zum Mustergenerator (Pattern Formation - PF) und Rhythmus-Generator (Rhythm Generator - RG) unterschieden. Des Weiteren wird mittels "E" bzw. "F" die Unterscheidung zwischen Extensor und Flexor kenntlich gemacht. Motoneuronen sind mit

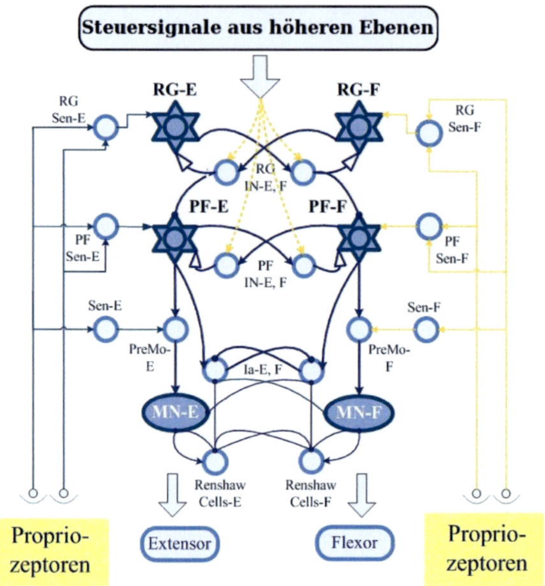

Abb. 3.9.: CPG-Struktur (übersetzt) aus [38] (RG = Rhythmus Generierung, PF = Pattern Formation, MN = Motoneuronen, E = Extensor, F = Flexor, Sen = sensorieller Input, IN = Inhibierend)

"MN" bezeichnet. Sensorische Informationen werden von entsprechenden Neuronen ("Sen") aufgenommen und weitergeleitet. Inhibierende Verbindungen, welche hemmend auf das System wirken (vgl. Abschnitt 1.3.1), sind mit "IN" gekennzeichnet.

Im Vergleich zu dem in [38] verwendeten CPG wurden hier einige Modifikationen vorgenommen. Das Teilnetz für die Generierung des Rhythmus wurde dahingehend angepasst, dass eintreffende Steuersignale über Interneuronen an RG-E und RG-F weitergeleitet werden. Das ermöglicht eine entsprechende Gewichtung des Inputs über die entsprechenden synaptischen Verbindungen ohne zusätzliche Gewichtsfaktoren einführen zu müssen. Beim PF-Teilnetz wurde hier auf den Teil verzichtet, welcher für Muskelschutzreflexe verantwortlich ist. Dieser Bereich berücksichtigt entsprechenden internen sensorischen Input von den Golgi-Sehnenorganen, Sinnesorganen am Übergang von Sehne und Muskel, die schnelle Muskelanspannungen registrieren. Die Referenzdaten wurden ohne entsprechende Störungen im Gangmuster aufgenommen, was die Vereinfachung rechtfertigt. Damit wird die Struktur vereinfacht und nicht relevante Parameter werden eingespart [37].

Mittels des CPGs ist es nun möglich, biologische Muskelaktivierungsmuster zu generieren. In Abb. 3.10 sind die Membranpotentiale der beteiligten Neuronen für die Rhythmusgenerierung und die entsprechenden Motoneuronen jeweils für Extensor (rot) und Flexor (violett) dargestellt. Es ist deutlich zu erkennen, dass sich ein alternierendes Muster ergibt. Zusätzlich dazu wurden auf drei Arten verschiedene Stimuli appliziert, wobei im ersten Fall (leerer Pfeil) der Stimulus nur auf die Mustergenerierung wirkte. In den beiden anderen Fällen wurden deutlich stärkere Stimuli in das System eingebracht, welche sowohl die RG- als auch die PF-Ebene beeinflussten. Im ersten Fall resultiert die Stimulation in einer verfrühten Flexion, ohne die Taktung der folgenden Zyklen zu beeinflussen. Die deutlich stärkeren Stimuli in Fall 2 und 3 verändern hingegen signifikant den Rhythmus der Aktivierungen. In Fall 3 ist zudem zu beobachten, dass ein sensorischer Reflex, welcher über den Stimulus dargestellt wird, zu einer Verlängerung der Extension führt. Das führt zu einer Anpassung des Übergangs von der Stand- zur Schwungphase. Die dargestellten Ergebnisse sind Teil einer, im Rahmen dieser Dissertation, betreuten Diplomarbeit [37].

Abb. 3.11 zeigt zusammengefasst drei weitere Eigenschaften des CPGs. Erstens synchronisieren sich die Motoneuronen von Flexor und Extensor selbstständig und gelangen schließlich zur Eigenfrequenz des Systems. Zweitens kann die Schrittgeschwindigkeit an externe Reize angepasst werden und drittens findet parallel dazu noch eine Adaption der Eigenfrequenz statt. Ein erster Vergleich zwischen den gemessenen und den erzeugten Ak-

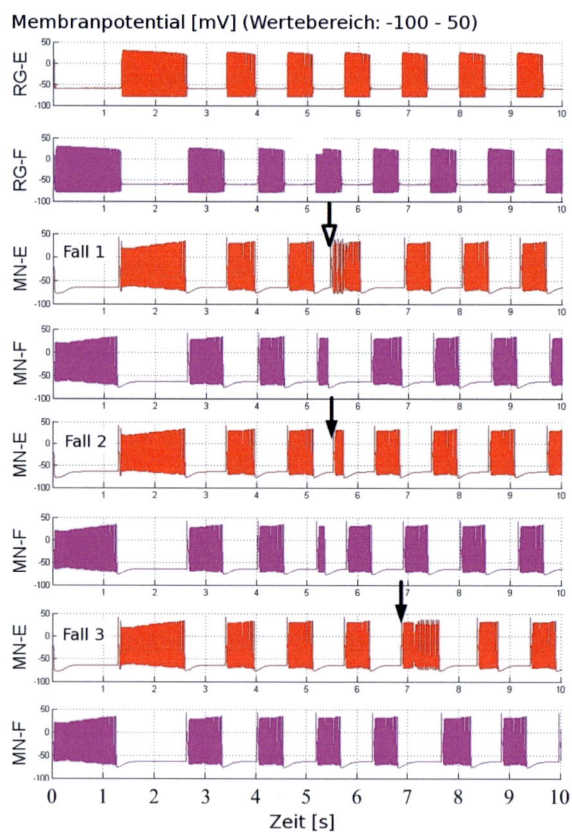

Abb. 3.10.: Rhythmusgenerierung (RG) und entsprechende Aktivierungen der Motoneuronen (MN) inklusive der Reaktionen auf unterschiedliche Stimuli (leerer Pfeil: schwacher Stimulus auf PF-Ebene, ausgefüllte Pfeile: starker Stimulus auf PF- und RG-Ebene [37]

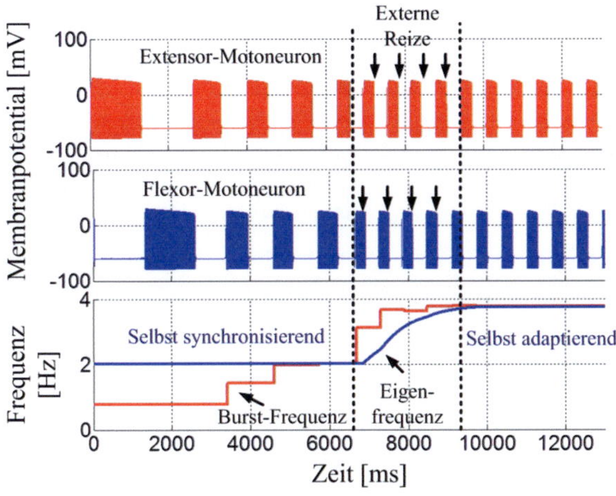

Abb. 3.11.: Eigenverhalten der CPGs auf externe Stimuli [37]

tivierungsmustern, noch ohne Optimierung der Parametersätze des CPGs, ist in Abb. 3.12 dargestellt. Beim Vergleich ist vor allem das Timing der entsprechenden Aktivierungen relevant, welches sehr gut übereinstimmt. Durch die unterschiedliche Kodierung mittels Amplitude (aufbereitete EMG Muskelaktivierungsdaten) bzw. Frequenz (simulierte Aktivierungsmuster von NEU-

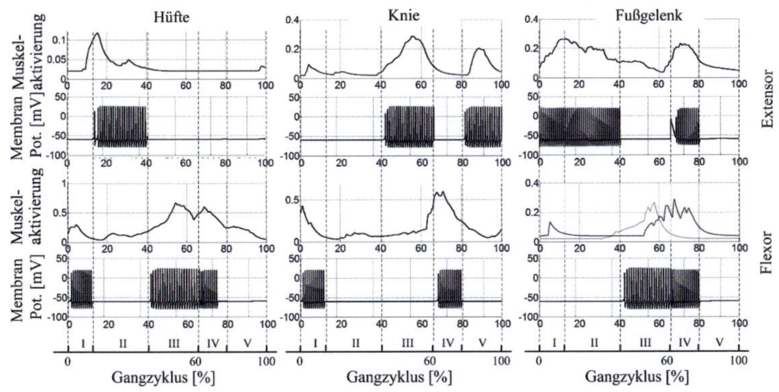

Abb. 3.12.: Vergleich von aufbereiteten EMG-Daten und erzeugten Aktivierungsmustern [37]

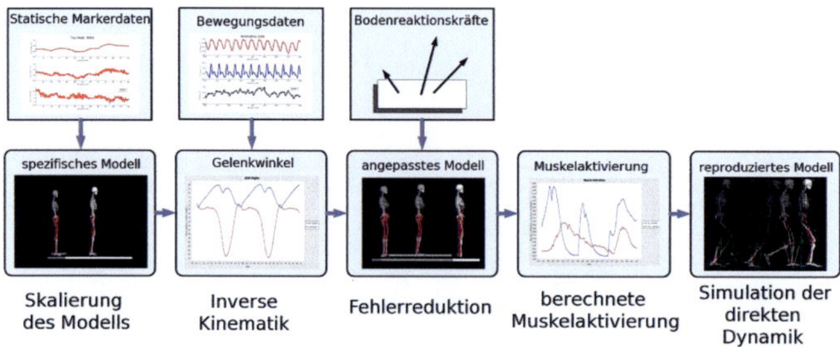

Abb. 3.13.: Vorverarbeitung der Bewegungsdaten [37]

RON) ist ein weiterführender Vergleich erst nach einer Aufbereitung der Daten möglich.

3.2.3. Aufbereitung der Daten

Um die mittels NEURON generierten Aktivierungsmuster (frequenzcodiert) mit den Versuchsdaten der Bewegungsanalyse (amplitudencodiert) vergleichen zu können, mussten die Daten vorverarbeitet werden (in Abb. 3.8 durch den Block "Anthropomorphes Modell in OpenSim" dargestellt). Der detaillierte Ablauf der Vorverarbeitung, welcher in Zusammenarbeit mit [37] entstand, ist in Abb. 3.13 dargestellt. Zuerst musste dafür das Modell in OpenSim auf die Größe des Probanden skaliert werden (Abb. 3.13 ganz links), damit die realen Positionen und Bewegungen der Marker exakt auf das Modell in Open-Sim übertragen werden können. Nur so ist die korrekte Berechnung der Gelenkwinkelverläufe aus den Markerdaten möglich. Anschließend wurden aus den Bewegungsdaten mittels inverser Kinematik die Gelenkwinkel berechnet. Nach der Integration von Bodenkontaktkräften (Abb. 3.13 Mitte) wurde die Muskelaktivierung berechnet (Gleichung 3.11) und schließlich basierend darauf die Dynamik simuliert (Abb. 3.13 rechts).

3.2.4. Neue Methodik zur CPG-Optimierung

Das Ziel des Optimierungsverfahrens ist es, einen Parametersatz für den CPG zu ermitteln (siehe Abschnitt 3.2.2). Der ermittelte Parametersatz soll den CPG in die Lage versetzen, Aktivierungsmuster nach menschlichem Vorbild (in Form von EMG-Daten) zu generieren. Für die Optimierung soll ein Evolutionärer Algorithmus (EA) eingesetzt werden [69].

Um eine quantitative Bewertung der Güte zu ermöglichen, ist es notwendig, einheitliche Kriterien für eine Gütefunktion zu definieren, welche die Vergleichsergebnisse entsprechend abbildet. Da das Ziel der Parameteroptimierung ist, die generierten Aktivierungsmuster möglichst nah am biologischen Vorbild zu orientieren, sollten die entsprechenden Kurven von Muskelaktivierung und Simulation möglichst in Deckung sein. Darum werden die verwendeten Kriterien, die in Abschnitt 3.2.2 genannt wurden, für die Bewertung definiert und in einer Gütefunktion (siehe Gleichung (3.13)) zusammengefasst. Die Gütefunktion wird hierbei als gewichtete Summe formuliert, in welche die Teilbewertungen mit den Gewichten α_i versehen werden. Es werden hier zwei Maxima berücksichtigt, da sich in den aufgenommenen EMG-Daten ebenfalls bei den Muskelaktivierungen jeweils zwei Maxima in den Daten gezeigt hatten [15]. Die Referenzkurve wurde basierend auf den EMG-Daten aus Abschnitt 3.2.1 erstellt, indem die aufgenommenen Datenkurven in Einzelschritte separiert und dann über die Einzelschrittaktivierungen gemittelt wurde.

Die Gütefunktion wird aus mehreren Teilkriterien aufgebaut. Der erste Teil ist der Mittelwert der Differenzen aller Punkte der beiden Kurven und geht als erster Term in die Bewertung ein. Als weitere Teilkriterien werden sowohl die Zeitpunkte, wann Maxima auftreten, also $t_{1,n,S}$ für das erste und $t_{2,n,S}$ für das zweite Maximum, sowie deren Aktivierung bzw. Amplitude $x_{1,n,S}$ und entsprechend $x_{2,n,S}$, berücksichtigt. Es werden nur zwei Maxima berücksichtigt, da in den EMG-Daten auch für die menschliche Muskelaktivierung zwei Maxima signifikant sind. S im Index kennzeichnet dabei den Wert aus der Simulation, R den dazugehörigen Wert in der gemessenen Referenz (gemittelte Einzelschritte aus Datensatz HD-EMG). Da hierbei sowohl Flexor- als auch Extensoraktivierungen simuliert wurden, ist als zusätzlicher Index n notwendig, um diese zu unterscheiden. Daraus ergibt sich dann als Gütefunktion [26]:

$$Q = \sum_{n=1}^{2} \alpha_1 \sum_{t=0}^{m} (|x_{n,S}[t] - x_{n,R}[t]|) + \alpha_2 |t_{1,n,S} - t_{1,n,R}|$$

$$+ \alpha_3 |t_{2,n,S} - t_{2,n,R}| + \alpha_4 |x_{1,n,S} - x_{1,n,R}| + \alpha_5 |x_{2,n,S} - x_{2,n,R}|.$$

$$(3.13)$$

Die Gewichte α_2, α_3, α_4 und α_5 wurden für die Optimierungsläufe auf 1 gesetzt. Da das Hauptaugenmerk auf einer Minimierung des Abstands zwischen den beiden Kurven liegt, wurde α_1 stärker gewichtet und darum von Hand auf 10 festgelegt, um eine deutliche Abgrenzung zu den anderen Kriterien zu erhalten. Da es sich hierbei um eine simulative Generierung von Bewegungsmustern handelt, hat Kriterium 3 aus Abschnitt 3.1.2 die höchste Priorität. Es geht schließlich um eine möglichst genaue Nachbildung menschlicher Aktivierungsmuster, eine Generierung mit echtzeitfähigen Eigenschaften ist beim gewählten Szenario daher von geringerer Priorität.

Im Fall deckungsgleicher Kurven würden die Differenzen jeweils 0 ergeben und somit auch Q zu 0 werden. Damit der Gütewert auch für eine weitere Verarbeitung geeignet ist und, um z.B. Divisionen durch 0 zu vermeiden, wird die endgültige Gütefunktion Q_{ges} so berechnet, dass vom Wert 100.000 der errechnete Wert Q abgezogen wird. Der Gütewert berechnet sich daher linear zur maximal möglichen Differenz. Dieser Wert 100.000 als Richtgröße ergibt sich durch die Normierung, die das Verfahren mit GLEAM mit sich bringt. Damit gilt für den Gütewert: Je näher sich dieser am Wert 100.000 befindet, desto besser die Bewertung. Da im vorliegenden Fall mehrere Teilkriterien in die Gütefunktion eingehen, wurde hier die maximal erreichbare Fitness auf die einzelnen Kriterien verteilt, um sie durch die Aufsummierung nicht zu überschreiten.

Zur Abschätzung der Güte der verwendeten Gewichtungen wurde unabhängig von der ersten Optimierung eine zweite vorgenommen, bei welcher alle α_i auf 1 gesetzt wurden. Die Werte der erreichten Güte lagen deutlich höher als im ersten Fall, was in der veränderten Verteilung der maximal erreichbaren Fitness begründet liegt, welche hier zu gleichen Teilen auf jedes Teilkriterium verteilt ist. Im Gegensatz dazu wurde im ersten Optimierungsfall α_1 aufgrund des Faktors 10 stärker gewichtet. Das zeigt, dass das gewählte Hauptkriterium, die Minimierung des Abstands der Kurven einen geringeren Einfluss auf die Gesamtgüte hat, als ursprünglich angenommen.

Um bei der Optimierung auch den unterschiedlichen Einflüssen der jeweiligen Parameter sowohl auf das Gesamtverhalten des Systems, als auch untereinander Rechnung zu tragen, wurden zwei verschiedene Parametersätze aufgestellt (siehe Abschnitt 3.2.2).

Da NEURON die generierten Aktivierungssignale frequenz- und amplitudencodiert, müssen sie in eine Graphendarstellung konvertiert werden, um einen Vergleich mit den gemessenen Muskelaktivierungen zu ermöglichen. Hierfür werden sie mittels eines Gauß-Filters [37] gefiltert.

$$Y(k) = \sum_i^N A_i \cdot \exp(-\frac{(kT_A - B_i)^2}{C_i}).$$ (3.14)

Dabei entsprechen die Nummern der Abtastschritte k, ebenso wie die Abtastzeit T_A denen der Referenzdaten. In Gleichung (3.14) gehen die generierten Daten über die Parameter für die mittlere Frequenz des Spikes beim Burst (schnelle Folge von Spikes) I_i, die Dauer des Bursts D_i und die mittlere Zeit des Bursts $T_{MB,i}$ ein. Die Summe geht dabei mittels Index i über die

Gesamtzahl der Bursts N_i. Die weiteren Parameter ergeben sich folgendermaßen [26]:

- $A_i = \dfrac{I_i}{S_A}$,

- $B_i = T_{MB,i}$,

- $C_i = \dfrac{D_i}{S_D}$,

- S_A Skalierungsfaktor von 52 entsprechend der Frequenz und

- S_D Skalierungsfaktor von $1{,}6$ für die Burst-Dauer.

Für die Ermittlung von S_A und S_D wurde ein repräsentativer Burst ausgewählt, welcher in den Simulationen wiederholt aufgetreten ist. Die so ermittelten Skalierungsfaktoren sind notwendig, um eine möglichst gute Vergleichbarkeit zwischen generierten Aktivierungssignalen und gemessenen Muskelaktivierungen zu gewährleisten.

Entsprechend der Vorgaben wurde der Evolutionäre Algorithmus GLEAM eingesetzt, um die genannten Parameter gemäß den aufgestellten Gütekriterien zu optimieren (vgl. Abschnitt 3.2.2). Dabei wurde die Populationsgröße auf 50 festgesetzt und es wurden in mehreren Optimierungsläufen zwischen 2003 und 2787 Individuen, abhängig vom Erreichen des Abbruchkriteriums, bearbeitet. Zur Verwaltung der Ergebnisse und der einzelnen Individuen während der Optimierung kam eine Hash-Datenbank zum Einsatz [26], welche neben den Parameterwerten auch die ermittelte Fitness enthält. Durch Verwendung so einer Datenbank lässt sich eine mehrfache Auswertung identischer Individuen verhindern und somit die Rechenzeit verbessern.

Insgesamt wurde sowohl der kleine Parametersatz mit vier Parametern als auch der erweiterte Parametersatz (14 Parameter) optimiert. Es wurden dabei auch jeweils unterschiedliche Gewichtungen zur Berechnung der Gütewerte verwendet (vgl. Gl. (3.13)). Zum Einen wurden alle α auf den Wert 1 gesetzt, zum Anderen α_1 auf 10, α_2 bis α_5 auf 1. Jeder Optimierungslauf nahm zwischen neun und zehn Stunden in Anspruch.

Die erhaltenen Ergebnisse bzw. Gütewerte sind in der Tabelle 3.3 dargestellt. Dabei wurden die automatisch optimierten Parametersätze dem besten, manuell eingestellten gegenübergestellt. Sie zeigten einen signifikant höheren Wert bei der Berechnung der Gütefunktion [15]. Die höheren Gütewerte trotz kleinerem Faktor α_1 in der zweiten Spalte sind auf die anteilige Verteilung der maximal erreichbaren Fitness auf die einzelnen Teilkriterien zurückzuführen. Die dadurch höheren Werte im Vergleich zur Güteberechnung mit α_1 auf 10 gesetzt zeigt, dass die ursprünglich angenommene Priorität der Flächenminimierung zwischen den Kurven nicht so stark ins Gewicht fällt wie angenommen.

Lauf	Gewichtung $\alpha_1 = 10, \alpha_2$ to $\alpha_5 = 1$	Gewichtung α_1 to $\alpha_5 = 1$
Manuell	22323	40262
1. Lauf (4 Parameter)	43886	78937
2. Lauf (14 Parameter)	54166	83907

Tab. 3.3.: Ergebnisse (Gütewerte) verschiedener Optimierungsläufe mit unterschiedlichen Parametersätzen und Gewichtungen bei der Gütefunktion (Datensatz HD-EMG)

Der Parametersatz mit dem besten Gütewert (Optimum bei Gütewert 100.000), also die 14 Parameter aus dem 3. Lauf, wurde schließlich für die simulative Erzeugung von Aktivierungsmustern mittels des in NEURON erstellten CPGs verwendet. In Abb. 3.14 sind die Ergebnisse der Simulation (blaue Kurve für Extensor, graue Kurve für Flexor) der gemessenen Referenz (rote Kurve für Extensor, grüne Kurve für Flexor) gegenübergestellt. Die bei der Berechnung der Gütefunktion verwendeten Punkte sind kenntlich gemacht. Der verwendete Parametersatz ist das Ergebnis nach einer Optimie-

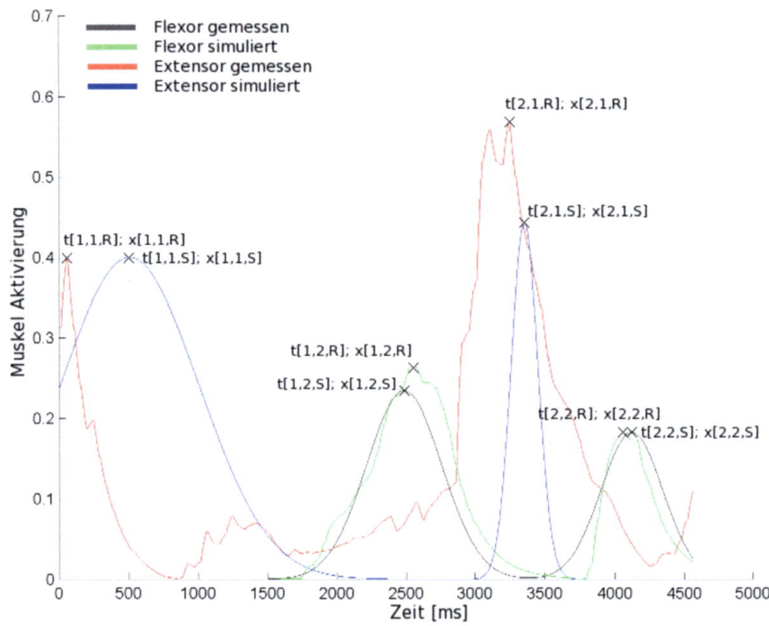

Abb. 3.14.: Ergebnis der Parameteroptimierung (Datensatz HD-EMG) [15]

rung über die Simulation von 17799 Individuen über 9:12:26 Stunden. Durch Berücksichtigung der Position der lokalen Maxima ist ein noch genaueres Annähern der simulierten (blau und grau) an die gemessenen (rot und grün) Kurven aneinander möglich. Es ist jedoch bereits mit dem dargestellten Ergebnis deutlich zu erkennen, dass eine gute Annäherung zwischen künstlich, mittels CPG erzeugten Muster und menschlichen Muskelaktivierungsdaten möglich ist. Das wird besonders durch den Vergleich von Amplitude und Position der grünen und grauen Kurve deutlich. Zwischen roter und blauer Kurve ist jedoch ein sehr deutlicher Unterschied zu erkennen. Der Hauptgrund hierfür liegt vor allem darin, dass der CPG nicht in der Lage ist Crosstalk, also bei den EMG-Messungen aufgetretene Einstreuungen von benachbarten Muskeln, abzubilden. Dies ist sowohl bei Flexoren als auch Extensoren der

Fall. Der Unterschied zwischen Flexor und Extensor in Abb. 3.14 ist auch darauf zurückzuführen, dass die Messelektroden unterschiedlich genau platziert waren, bzw. diese sich während der Aufnahmen leicht verschoben haben.

Da es im vorliegenden Fall hauptsächlich um eine Abschätzung der Möglichkeiten des neu entwickelten Systems ging, sind die Resultate, wenn man nur die grüne und graue Kurve betrachtet, ausreichend genau, um das in Abschnitt 3.1.2 definierte Bewertungskriterium 3 als erfüllt zu betrachten. Da aber der Rechenaufwand und die Zeit, welche für die Simulation benötigt werden, relativ hoch sind (je nach Rechnersystem mehrere Sekunden bis Minuten), ist das Verfahren für schnelle Simulationen und für den Einsatz zur Bewegungsgenerierung auf einem Roboter ungeeignet. Aus diesem Grund wurde auch auf eine weitere Optimierung des Verfahrens bzw. eine Anpassung der Gütefunktion verzichtet.

Das zeigte sich auch bei der ergänzenden Untersuchung auf unterschiedlichen Rechnerarchitekturen, um die Geschwindigkeit zusätzlich zu optimieren. Dabei wurde ein einzelner Rechnerkern (ein Kern des Intel XEON E5430-Quad-Core) einem Rechner mit zwei Prozessoren und je vier Kernen (Intel Xeon E5430-Quad-Core mit 2,66 GHz und 8 GB RAM) gegenübergestellt und schließlich noch ein heterogenes Rechnernetz aus Bürorechnern für die verteilte Berechnung verwendet. Die erreichte Skalierung von einem Rechnerkern im Bezug auf die Maschine mit zwei Prozessoren entsprach einem Faktor von $4,7$. Bei der verteilten Optimierung wurden schließlich $45,13$ Individuen pro Minute getestet (im Vergleich zu $7,39$ bei einem einzelnen bzw. $35,72$ bei acht Rechnerkernen) und damit stieg dieser Skalierungsfaktor auf einen Wert von $6,1$ [15]. Alle Ergebnisse für die Benchmarks zur Optimierung sind in Tabelle 3.4 dargestellt und wurden während einer Diplomarbeit, die während der Dissertation betreut wurde, erarbeitet [26].

Funktion	Anzahl Rechner / Kerne	Individuen pro Minute	Gesamtzahl Individuen	Gesamt- dauer	Skalierung
CPG	1 / 1	7,39	451	61:06	——
CPG	1 / 8	34,72	2101	60:33	4,7
CPG o. Hash	1 / 8	33,38	2003	60:26	4,5
CPG	5 / 16	45,13	2787	61:42	6,1

Tab. 3.4.: Zusammenfassung der Benchmarkläufe

3.3. Bewegungssynthese für Roboter

Wie bereits in Abschnitt 3.1.2 dargelegt, ist eine Grundvoraussetzung für die Umsetzung von Softwarekonzepten auf Robotern, dass sie online ausführbar sind, also während des Betriebs ohne nennenswerte Verzögerungen arbeiten.

Um die Zeit abzuschätzen, welche für eine online Berechnung der Bewegungsmuster zur Verfügung steht, wurden entsprechende Untersuchungen durchgeführt. Die normale Ganggeschwindigkeit eines Menschen liegt zwischen 2 und $4\ km/h$. Die Schrittlänge dabei variiert sehr und hängt von der Beinlänge und Größe der Person ab. Zur Berechnung der Zeit, die für einen Schritt zur Verfügung steht, wird angenommen, dass eine Person mit einer Geschwindigkeit von $3\ km/h$ geht und pro Schritt $0,8\ m$ zurücklegt. Damit ergibt sich als Formel für die Berechnung der Schrittdauer:

$$Schrittdauer = \frac{Schrittweite}{Ganggeschwindigkeit} \Rightarrow \frac{0,8\ m}{3\ km/h} = \frac{0,8\ m}{0,833\ m/s} = 0,96\ s.$$

$$(3.15)$$

Da es sich hierbei um eine Abschätzung handelt, wird vereinfachend angenommen, dass pro Schritt $1\ s$ zur Verfügung steht. In jedem Schritt muss jedoch nicht nur das entsprechende Aktivierungsmuster generiert werden, es müssen auch die Sensorauswertung, die Datenübertragung an die Aktoren und die Ausführung der jeweiligen Bewegung erfolgen. Dabei ist es für die Zeit, welche für die Mustergenerierung zur Verfügung steht, nicht von Belang, ob der direkt folgende Schritt generiert wird oder erst der darauf folgende. Ein zeitlicher Versatz addiert sich auf und führt früher oder später zu Asynchronität und Instabilität des Systems. Elektromotoren bieten hier den Vorteil, dass sie deutlich schneller reagieren können als z.B. pneumatische Aktoren. Das hier entwickelte System soll jedoch unabhängig von der Art der verwendeten Aktoren einsetzbar sein. Daher werden hier die härteren Anforderungen, welche mit dem Einsatz von pneumatischen Aktoren einhergehen, berücksichtigt.

Dafür wird angenommen, dass die Zeit, welche für die Datenübertragung an die Steuerungshardware, das Schalten der Ventile bis zur Reaktion der Aktoren vergeht, $0,2\ s$ beträgt. Die Auswertung der Sensoren schlägt unter den gegebenen Voraussetzungen mit $0,3\ s$ zu Buche. Damit bleiben für die Berechnung der Bewegungsmuster $0,5\ s$.

Da auch eine Bewegungsgenerierung mittels CPGs die genannten Voraussetzungen erfüllen muss, ist eine direkte Übertragung eines auf dem HHM basierenden CPGs aufgrund der langen Berechnungszeit nicht praktikabel. Darum wurde basierend auf dem gleichen Konzept ein neuer CPG aufgebaut, wobei hier ein Spike-Response-Modell (SRM) [58, 78] zum Einsatz kam.

Neben der obligatorischen Generierung von Bewegungsmustern soll der neue CPG zusätzlich noch in der Lage sein, leichte Störungen zu kompensieren. Erstmalig soll hier auch ein Prothesen-Roboter-Hybrid als Laufdemonstrator zum Einsatz kommen. Solch ein Typ Roboter wird in dieser Dissertation erstmalig mit einer Ansteuerung durch CPGs verbunden. Da sich der Demonstrator aktuell auf einem Laufband bewegt (siehe Kap. 4) werden unter leichten Störungen Geschwindigkeitsänderungen des Laufbands verstanden. Ein Beispiel für eine leichte Störung ist ein Geschwindigkeitsunterschied zwischen Laufband und Demonstrator im Bereich von $0,3$ bis $1,8\ km/h$. Er soll also nach Auftreten einer Störung wieder in ein stabiles Schwingverhalten zurückkehren. Das lässt sich anhand des stabilen Grenzzyklus untersuchen, der sich bei Normalbetrieb einstellt.

3.3.1. Aufbau einer neuen CPG-Struktur für Roboter basierend auf dem Spike-Response-Modell

Der Grund für die Wahl des SRM für die Umsetzung des CPG-Konzepts zur Bewegungssynthese ist, dass das SRM-Modell im Vergleich zu nichtlinearen Oszillatoren (z.B. Matsuoka [101, 102]) deutlich näher am biologischen Vorbild ist, was auch mit einer erhöhten Flexibilität bzgl. der Einstellungsmöglichkeiten einhergeht. Zusätzlich dazu ist es vom Rechenaufwand noch praktikabel, um die Muster während der Laufzeit zu generieren, im Gegensatz zum sehr rechenaufwändigen HHM, welches auf aktuellen Rechnern nur zur Offline-Simulation eingesetzt werden kann (vgl. Abschnitt 3.2.2). Ein detaillierter Vergleich des Rechenaufwands der unterschiedlichen Modelle ist in [68] zu finden.

Den SRM-Neuronen wurde gegenüber den bei den Reflexen verwendeten LIF-Neuronen (Kapitel 2) auch noch aufgrund einer zweiten Eigenschaft der Vorzug gegeben. So bieten die mit dem LIF-Modell implementierten Neuronen nicht die gewünschte Flexibilität, da im Gegensatz zu ihrem Einsatz in Reflexen bei CPGs auch ankommende Spikes während der absoluten Refraktärphase berücksichtigt werden müssen [58, 71, 94]. Das macht LIF-Neuronen für den Einsatz als rückgekoppelte Neuronen, wie sie für einen CPG notwendig sind, ungeeignet. SRM-Neuronen hingegen erlauben es, auch in der absoluten Refraktär- bzw. Erholungsphase einkommende Signale zu registrieren und zu verarbeiten [100]. Das ist dem Umstand geschuldet, dass SRM-Neuronen ausschließlich von den Zeitpunkten der letzten Aktionspotentiale abhängen und nicht wie LIF-Neuronen von der Spannungsdifferenz zwischen zwei Neuronen i und j.

Um einen CPG mit SRM-Neuronen aufzubauen, werden sie wie bei Künstlichen Neuronalen Netzen üblich miteinander verknüpft. Die Kanten werden dabei mit Wichtungsfaktoren ω_{ij} versehen, über die das Systemverhalten beeinflusst werden kann. Diese Wichtungsfaktoren beschreiben den Einfluss von vorgelagerten (präsynaptischen) Neuronen j auf ein Neuron i. Ist dabei ω_{ij} positiv, wirken eingehende Spikes anregend, ist es hingegen kleiner Null, wird ein hemmender Einfluss auf Neuron i ausgeübt. Treffen keine Spikes von vorgelagerten Neuronen ein, strebt das Membranpotential $u_i(t)$ eines Neurons immer zu seinem $u_{rest} = 0$. Eintreffende Aktionspotentiale beeinflussen folglich das Membranpotential und führen gegebenenfalls zur Auslösung eines Aktionspotentials bzw. Spikes. Das tritt auf, sobald $u_i(t)$ einen zeitvarianten Schwellwert $\eta_i(t)$ erreicht.

$$t_i^{(F)} = max\, t \text{ mit } u_i(t) \geq \eta_i(t) \text{ und } u_i(t - t_\varepsilon) < \eta_i(t - t_\varepsilon);\, t_\varepsilon \to 0. \qquad (3.16)$$

Auf das Feuern eines Neurons, also das Erreichen des Aktionspotentials, folgt eine Erholungs- bzw. Refraktärphase, die ein erneutes Auslösen des Aktionspotentials erschwert.

Mathematisch lässt sich das Membranpotential $u_i(t)$, welches den internen Zustand eines SRM-Neurons repräsentiert, wie folgt beschreiben, wobei die Zeitspanne zwischen zweimaligem Feuern berücksichtigt werden muss [58]:

$$u_i(t) = \underbrace{\eta\left(t - t_i^{(F)}\right)}_{\text{Rep+Hyp}} + \underbrace{\sum_j \omega_{ij} \sum_f \varepsilon_{ij}\left(t - t_j^{(f)}\right) + \int_0^\infty \kappa(t - t_i, s) I_{ext}(t - s)\,ds}_{\text{Dep}}.$$

$$(3.17)$$

Hier steht $t_j^{(f)}$ für die Feuerzeitpunkte der entsprechenden Neuronen j und $t_i^{(F)}$ für den Zeitpunkt des letzten Aktionspotentials von Neuron i. Der

ε-Kernel beschreibt die Reaktion des Neurons auf einkommende Pulse und der η-Kernel das Zurücksetzen des Neurons nach einem Feuern. Die Systemantwort auf externe Ströme I_{ext} wird durch den κ-Kernel beschrieben.

In Gleichung (3.17) werden Repolarisation (Rep) und Hyperpolarisation (Hyp) vom ersten Teil modelliert, wobei der zweite Teil ausschließlich die Depolarisation bei einem Aktionspotential darstellt. Aufgrund der geplanten Struktur des CPGs muss Gleichung (3.17) an solche Gegebenheiten angepasst werden. Durch den Umstand, dass bei der geplanten Struktur die im CPG verwendeten Neuronen nur Input von den ihnen vorgeschalteten Neuronen erhalten und keine Sensorströme I_{ext} direkten Einfluss auf das Membranpotential haben, kann der κ-Kernel weggelassen werden:

$$u_i(t) = \eta(t - t_i^{(F)}) + \sum_j \omega_{ij} \sum_f \varepsilon_{ij}(t - t_j^{(f)}). \tag{3.18}$$

Die Depolarisation eines Neurons, also seine Reaktion auf eintreffende Spikes, wird nach dem Eintreffen eines präsynaptischen Reizes durch den ε-Kernel mittels der Funktion $\varepsilon_{ij}(t - t_j^{(f)})$ beschrieben. Dabei gehen die Aktionspotentiale mit ω_{ij} gewichtet in die Gleichung ein und es muss berücksichtigt werden, dass das Neuron in der Refraktärzeit eine deutlich reduzierte Empfindlichkeit gegenüber ankommenden Reizen aufweist. Die Erholungsphase wird mit dem mit η bezeichneten Summand beschrieben. Daher wird mit $t_i^{(F)}$ der Zeitpunkt des letzten präsynaptischen Spikes in Gleichung (3.18) berücksichtigt. In der vorliegenden Arbeit wird die Herleitung des ε-Kernels nach Maass [95] verwendet:

$$\varepsilon(t) = exp(-\frac{t}{\tau_e}) - exp(-\frac{t}{\tau_s}). \tag{3.19}$$

Die Zeitkonstanten sind durch τ_s bzw. τ_e für die Membranzeitkonstante dargestellt, wobei gilt $\tau_e > \tau_s > 0$. τ_e bezeichnet hierbei die Zeitkonstante des Leaky Integrator und τ_s eine synaptische Zeitkonstante im Millisekundenbereich. Durch die beiden Zeitkonstanten können die Steilheit und die Anstiegsphase des Verlaufs des ε-Kernels beeinflusst werden, um ein exponentielles Auf- und Abklingen zu ermöglichen.

Um die für den Einsatz in der Robotik notwendige Differenzierbarkeit gewährleisten zu können, muss die Funktion des ε-Kernels in eine Differentialgleichung umgerechnet werden [100], wobei x hier für den Wert des ε-Kernels steht [100]:

$$\tau_e \tau_s \ddot{x} + (\tau_e + \tau_s)\dot{x} + x = 0. \tag{3.20}$$

Die nach einer Depolarisation erfolgende Repolarisation und Hyperpolarisation werden mit dem exponentiell abfallenden η-Kernel (ebenfalls nach der Herleitung von Maass [95]) beschrieben.

Nachdem $u_i(t)$ zum Zeitpunkt t_i den Schwellwert erreicht hat, fällt es wieder unter das Ruhepotential. Die Repolarisation wird mit dem Gewicht η_0 dargestellt. Anschließend steigt die Spannung wieder bis zum Ruhepotential langsam an. In der Phase der Annäherung an das Ruhepotential muss berücksichtigt werden, dass das Neuron, seinem biologischen Vorbild entsprechend, deutlich weniger sensibel auf eintreffende Impulse reagiert:

$$\eta(t) = \begin{cases} -\eta_0 exp(-\frac{t}{\tau_r}) & \text{für } t \geq 0; \\ 0 & \text{für } t < 0. \end{cases} \tag{3.21}$$

Bei $t_i^{(F)}$, wenn also Neuron i feuert, wird Gleichung (3.21) aktiviert. Direkt im Anschluss an den Spike, also wenn $t = t^{(F)} + \varepsilon$ mit $\varepsilon \to 0$, wird das Membranpotential auf $u_i(t) = \vartheta_i(t) - \eta_0$ gesetzt, wobei η_0 eine positive Konstante ist. Das erschwert ein nächstes Überschreiten von $\vartheta_i(t)$, weil der Absolutwert von $\eta(t)$ erst exponentiell abklingt. τ_r repräsentiert die Erholungszeit, welche ein Neuron nach einem Feuern benötigt [19].

Ebenso wie für den ε-Kernel muss auch für den η-Kernel eine entsprechende Differentialgleichung hergeleitet werden [100]:

$$\dot{x} + \frac{1}{\tau_r}x = 0. \tag{3.22}$$

Die Anfangsposition wird als $x(0) = -\eta_0$ definiert.

Die Differenz zwischen Ruhepotential und Membranpotential nach einem Feuern des Neurons in der Hyperpolarisationsphase kann durch die Wahl von $\eta_0 > \vartheta$ deutlich erhöht werden, was die Auslösung eines neuen Spikes direkt nach einem gerade erfolgten Feuern deutlich erschwert.

Mittels $\vartheta_i(t)$ als Schwellwertfunktion kann zusätzlich zum konstanten Schwellwert ϑ_0 noch die Refraktärphase durch eine Exponentialfunktion dargestellt werden [58]. Dabei hindert ein hoher Startwert a das Neuron am Feuern bei gleichzeitiger Berücksichtigung der absoluten Refraktärzeit. Mittels eines exponentiell abfallenden Terms, welcher durch τ_v als Zeitkonstante und $a>0$ bestimmt wird, lässt sich auch die relative Refraktärphase beschreiben [58]:

$$\vartheta_i(t) = \vartheta_0 + a\, exp(-\frac{t}{\tau_v}). \tag{3.23}$$

Der mit dem gewählten Neuronenmodell erstellte CPG kann, wie bereits erwähnt, in zwei Einheiten unterteilt werden. Der Rhythmus-Generator (RG) ist dabei für die Wiederholfrequenz des Musters verantwortlich. Eine Anpassung der Geschwindigkeit von sich wiederholenden Bewegungen kann dabei durch eine Veränderung der Wiederholfrequenz im RG erfolgen. Das Aktivierungsmuster wird dann im Mustergenerator (engl. Pattern Formation - PF) erzeugt. Wichtig für die geplante Anwendung ist der Umstand, dass ein zeitdiskretes Signal für die Implementierung auf einem Roboter erzeugt werden muss. Das ist notwendig, da das System sowohl auf Seite der Software als auch bei der Ansteuerung der Hardware getaktet arbeitet. Hierfür werden RG und auch PF zuerst unabhängig voneinander mittels SRM modelliert und anschließend daraus dann ein CPG aufgebaut.

Eine sehr einfache Form eines RG lässt sich aus nichtsymmetrisch verschalteten Neuronen aufbauen, was den Vorteil einer sehr kurzen Rechenzeit mit sich bringt, allerdings wird das durch die Erzeugung einer fest vorgegebe-

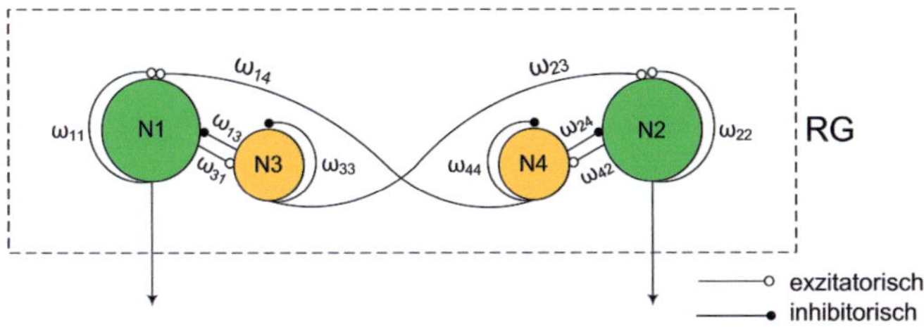

Abb. 3.15.: Rhythmus-Generator mit symmetrisch verschalteten Neuronen [100]

nen Frequenz erkauft. Das wiederum ist nicht praktikabel für den geplanten Einsatz zur Erzeugung von Laufmustern mit unterschiedlichen Geschwindigkeiten. Darum wurde ein RG mit symmetrisch verschalteten Neuronen gewählt, welcher ebenfalls ein stabiles Schwingverhalten und nun auch die geforderte Flexibilität in der Frequenzanpassung mit sich bringt (dargestellt in Abb. 3.15). Dabei regen sich zwei Hauptneuronen N1 und N2 (in Abb. 3.15 grün) über ihre Nebenneuronen N3 und N4 (in Abb. 3.15 gelb) gegenseitig an. Eine Rückkopplung vom Hauptneuron zum Nebenneuron erfolgt ebenfalls über eine exzitatorische Verbindung, wohingegen das Nebenneuron sein zugehöriges Hauptneuron (N3 zu N1, bzw. N4 zu N3) hemmt. Durch die symmetrische Kopplung der Neuronen erhöht sich die Zahl der Gewichtsfaktoren auf zehn (siehe Abb. 3.15), was die Rechenzeit etwas erhöht. Allerdings ermöglicht das auch die dringend notwendige Flexibilität in der Frequenzanpassung, welche durch eine Veränderung der Parameter während der Laufzeit möglich wird. Von besonderer Bedeutung sind dabei die Schwellwerte ϑ, da hierüber eingestellt wird, wann ein Neuron feuert. Sie werden bei der Initialisierung fest eingestellt. Je niedriger der Schwellwert ist, desto leichter wird er von den eingehenden Signalen überschritten, was zu einer erhöhten Feuerrate und damit auch erhöhten Frequenz der Aktivierungsmuster führt. Zusätzlich dazu ist eine Variation der Frequenz durch eine Anpassung der Gewichtungen ω_{ij} an den Kanten möglich. Ein Erhöhen der Gewichte ω_{14} und ω_{23} führt z.B. zu einer stärkeren Anregung der Hauptneuronen N1 und

N2 durch die Nebenneuronen, was bei gleichbleibenden anderen Gewichten zu einer Erhöhung der Frequenz führt.

Der Rhythmus-Generator bildet einen Teil des CPGs und der erzeugte Anregungsrhythmus geht dann über die Ausgänge von N1 und N2 in die Mustergenerierung (PF) des gesamten CPGs ein. In Abb. 3.16 ist nun neben dem Teilnetz für die Generierung des Rhythmus (RG - oben) auch der Teil für die Erzeugung des Aktivierungsmusters (PF - unten) dargestellt. Die Kombination der beiden Teilnetze ergibt dann den für die Erzeugung von Bewegungsmustern notwendigen CPG. Die Aktivierungsmuster werden schließlich von den Neuronen N5 und N6 erzeugt und über deren Ausgänge an die Ansteuerung der Aktoren ausgegeben. Dabei wurde der PF-Teil symmetrisch für Flexor und Extensor aufgebaut. Bei einer Anpassung der Laufgeschwindigkeit können die oberen Ebenen der Roboterarchitektur, z.B. die Bewegungsplanung oder die Aufgabenplanung, die Parameter entsprechend anpassen. Ein Feedback von der unteren CPG-Schicht (PF) zum Rhythmusgenerator ist in dem Aufbau nicht vorgesehen, da eine klare Trennung zwischen Rhythmus und Patternformation untersucht werden sollte.

In Abb. 3.17 ist ein generiertes Aktivierungsmuster dargestellt, bei dem das Aktivierungsmuster mit kleiner Frequenz, also entsprechend großen Abständen wiederholt wird. Dafür wurden die RG-Gewichtungsparameter des CPGs so eingestellt, dass die Hemmung bei Spikeübertragungen der Interneuronen N3 und N4 auf die RG Neuronen N1 und N2 entsprechend stark ausgeprägt ist. Die Anregung der Interneuronen untereinander ist hingegen niedrig eingestellt. Für eine mittlere Frequenz der Aktivierungsmuster werden die zugehörigen Parameter für Hemmung bzw. Anregung ω_{ij} an den Kanten erniedrigt bzw. erhöht (siehe Abb. 3.18). Hierbei ist die Symmetrie des CPGs zu beachten, was einen Einfluss auf die Anpassung der Kantengewichtungen hat. Das bedeutet, dass sich entsprechende Gewichtungsfaktoren, z.B. ω_{14} und ω_{23} (vgl. Abb. 3.15), nur in Abhängigkeit voneinander angepasst werden

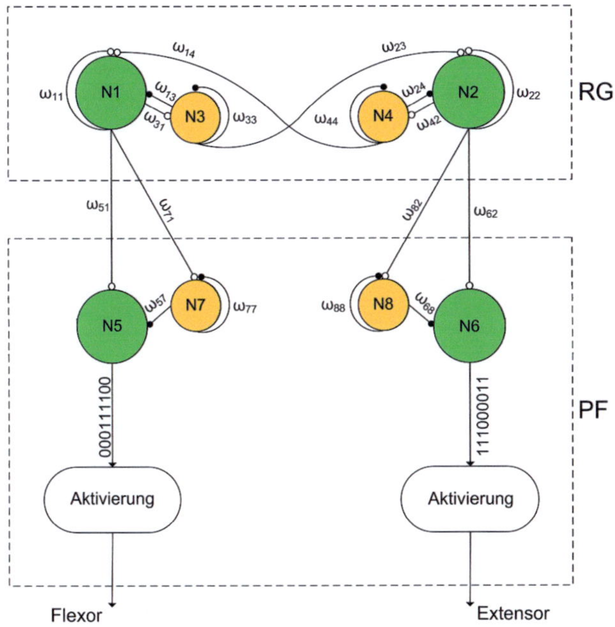

Abb. 3.16.: CPG bestehend aus Rhythmus-Generator (RG) und Mustergenerator (PF) [100]

dürfen, da sich sonst Flexor- und Extensor-Verhalten nicht mehr entsprechen bzw. in der Frequenz überlagern. Das führt zu nicht mehr zyklischen Aktivierungsmustern. Für einen schnellen Gang ist eine hohe Schrittfrequenz notwendig (siehe Abb. 3.19). Entsprechend gering müssen die hemmenden Einflüsse zum Tragen kommen und umgekehrt entsprechend deutlich die anregenden. Eine Aufstellung der jeweiligen Parameterwerte für die gezeigten drei Beispiele ist in Tabelle 3.5 angegeben. Aus Gründen der Übersichtlichkeit werden hier aber nur die Parameter der Kantengewichte angegeben, welche für die Erzeugung der unterschiedlichen Frequenzen im RG-Teil des CPGs angepasst wurden. Die Symmetrie in den Parameterwerten spiegelt den Aufbau des CPGs wieder und ist notwendig, um eine Überlagerung von

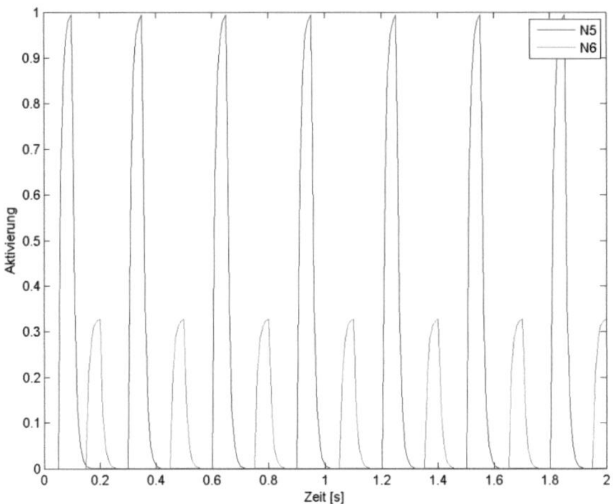

Abb. 3.17.: Von den Neuronen N5 und N6 erzeugte Aktivierung mit niedriger Frequenz $(3,5\,Hz)$ der Rhythmus-Generierung (Parameter siehe Tabelle 3.5)

Flexor- und Extensoraktivierungen zu verhindern. Wie bereits im Zusammenhang mit Abb. 3.15 dargestellt, führt eine Erhöhung der Gewichte ω_{13} und ω_{24} zu einer Erhöhung der Frequenz. Insgesamt wurden in den Tests alle

Frequenz	ω_{14}	ω_{23}	ω_{31}	ω_{42}	ω_{33}	ω_{44}
niedrig (Abb. 3.17)	-40	-40	22	22	-22	-22
mittel (Abb. 3.18)	-30	-30	32	32	-32	-32
hoch (Abb. 3.19)	-20	-20	42	42	-22	-22

Tab. 3.5.: Parameter für die unterschiedlichen Anregungsfrequenzen des Rhythmus-Generators

Kantengewichtungsparameter für die einzelnen Neuronen und die Zeitkonstanten der Neuronen N5 und N6 der Mustergenerierung (τ_{N5} und τ_{N6}) angepasst.

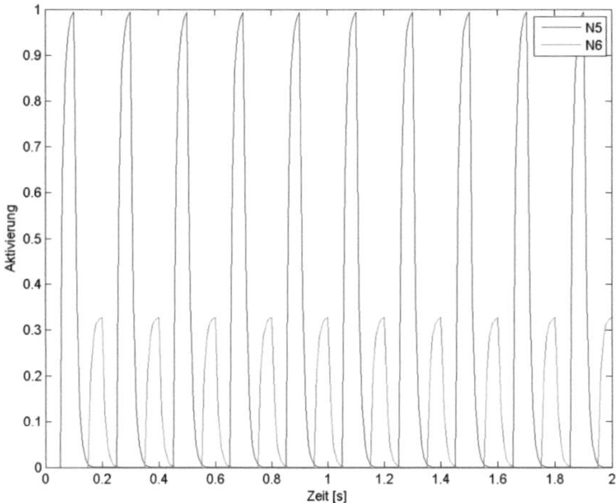

Abb. 3.18.: Von den Neuronen N5 und N6 erzeugte Aktivierung mit mittlerer Frequenz ($5\,Hz$) der Rhythmus-Generierung (Parameter siehe Tabelle 3.5)

Statt der Kantengewichte ist auch eine Anpassung der Frequenz und der generierten Muster über die Neuron-internen Parameter wie z.B. Schwellwerte möglich.

Für die Evaluierung der Kantengewichte des RG-Teils des CPGs wurden mit einem eigens entworfenem Matlab-Programm mehrere Simulationsserien mit insgesamt 10592 Simulationen ausgeführt. Das Simulationsprogramm nutzt dabei pro Parameterpaar für die symmetrischen Kantengewichtungen eine Schleife, mit der ein vorgegebener Wertebereich durchlaufen wurde. Die Bereiche umfassten für die rekursiven Kanten der Neuronen die Werte von -42 bis -22. Die Zeitkonstanten wurden von $0,01$ bis auf $0,11$ ms angehoben. Die Kantengewichte von den Nebenneuronen N3 und N4 wurden schrittweise von 22 auf 42 angehoben und die Kantengewichte zwischen den Hauptneuronen von -40 auf -20. Die jeweiligen Schleifen waren so verschachtelt, dass jede mögliche Kombination von Parameterwerten einmal simuliert wird

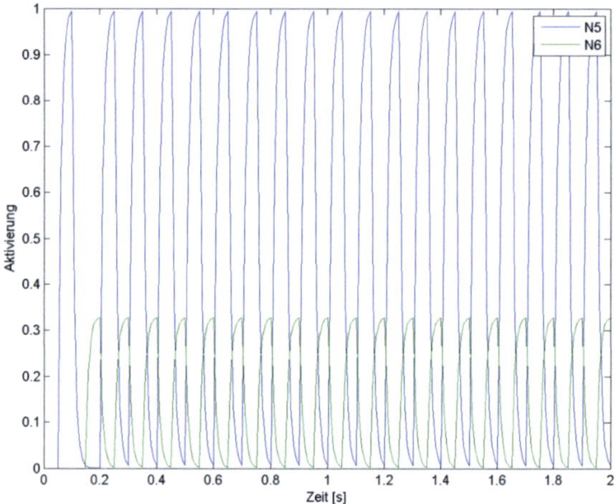

Abb. 3.19.: Von den Neuronen N5 und N6 erzeugte Aktivierung mit hoher Frequenz $(9,5\,Hz)$ der Rhythmus-Generierung (Parameter siehe Tabelle 3.5)

und ein entsprechendes Aktivierungsmuster erzeugt werden konnte. Von allen möglichen Parameterkombinationen erzeugten insgesamt 8436 Kombinationen verschiedene gültige Aktivierungsmuster. Die erzeugten Muster unterschieden sich jedoch zum Teil deutlich in ihrer Regelmäßigkeit und Frequenz. Die Differenz zwischen der Anzahl an gültigen Mustern und der Summe an Simulationen hat den Grund, dass sich manche Kombinationen aus anregenden und hemmenden Eingängen eines Neurons gegenseitig beeinflussen, so dass kein Muster erzeugt wird. Des Weiteren wiesen manche Muster Bereiche auf, in denen keine Aktivierung erfolgte oder die Erzeugung von Aktivierungen für Flexion und Extension (also von N1und N2) war nicht synchron. Solche Muster traten vor allem dann auf, wenn die Parameterwerte nicht der Symmetrie des RG Rechnung trugen. Die Symmetrie ist wichtig, um eine gute Abstimmung zwischen Aktivierungen von Flexion und Extension zu erhalten.

Zur systematischen Bewertung der erzeugten Muster wurden als Bewertungsmaße der Mittelwert der Abstände zwischen lokalen Maxima und deren Standardabweichung gewählt. Dadurch ist eine Sortierung der Muster nach ihrer Regelmäßigkeit, wie in Abb. 3.20 für eine Simulationsserie mit 7383 Aktivierungsmustern möglich. Für die Erstellung der Simulationsserie wurde der Wertebereich, den die einzelnen Kantengewichte im Simulationsprogramm durchlaufen, um einige Werte verkleinert, um bei gleicher Aussagekraft der Ergebnisse die Rechenzeit bzw. Simulationsdauer zu reduzieren. Damit ist gemeint, dass der Wertebereich zwar unverändert blieb, die Schrittweite jedoch, mit der dieser Bereich durchlaufen wird, auf 5 bis 10 (je nach Wertebereich) erhöht wurde. Die Sortierung erfolgte hier von unten nach oben mit aufsteigendem Wert der Standardabweichung. Gut zu erkennen ist hier, dass auch mit unterschiedlichen Parametersätzen Muster mit gleicher Frequenz erzeugt werden können. Das ist z.B. dann der Fall, wenn sich der hemmende Einfluss eines Kantengewichts und der anregende Einfluss einer anderen Kante gegenseitig aufheben. Das ist vor allem im unteren Bereich von Abb. 3.20 gut zu erkennen, wenn Simulationen mit unterschiedlichen Parametersätzen, also Kantengewichtungen, gleiche Aktivierungsmuster erzeugen (trotz unterschiedlicher Parametersatznummer kein Unterschied des Musters über die Zeit). Abgebrochen wurden die Simulationen hingegen dann, wenn die Werte der Kantengewichte für hemmende Kanten in Bereichen lagen, die den hemmenden Einfluss so groß werden ließen, dass das entsprechende Neuron nicht mehr in der Lage war, den Schwellwert zu erreichen und zu feuern.

In Abb. 3.21 ist nun der aus Abb. 3.16 bekannte CPG noch um rückgekoppelte Sensorsignale erweitert. Diese Signale von Winkelsensoren im Knie und Bodenkontaktsensoren im Fuß finden über zusätzliche Neuronen N9 - N12 Eingang in den CPG. So kann z.B. Stolpern (a) und b) in Abb. 3.21) oder eine Steigung bzw. ein Abfallen des Untergrunds (Abb. 3.21 c) bis e)) erkannt

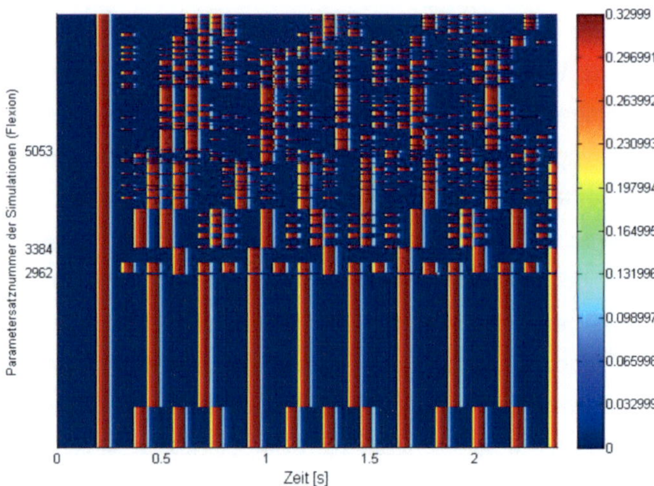

Abb. 3.20.: Sortierung mit aufsteigender Standardabweichung von Aktivierungsmustern mit unterschiedlicher RG-Parametrisierung

und darauf reagiert werden. Durch die Einstellung unterschiedlicher Parameter lassen sich nicht nur die Frequenz der Muster, sondern auch deren Form beeinflussen. Neben Parametern wie z.B. den Schwellwerten der einzelnen Neuronen können das auch die Gewichtungen der Kanten sein, welche die Reizübertragung von einem Neuron zum anderen gewährleisten.

Neben den Simulationen, die ausschließlich den Parametern der Frequenzanpassung galten, wurden zusätzlich 2187 verschiedene Parametersätze für die Kantengewichtungen des gesamten CPGs simuliert. Von Interesse waren hier die Zeitkonstanten für Hauptneuronen des Mustergenerators N5 und N6, sowie die Kantengewichte der Verbindungskanten vom Rhythmus-Generator (ω_{51} und ω_{62}) zum Mustergenerator. Zusätzlich wurden die Gewichte der rekursiven Kanten der Nebenneuronen (N7 und N8) und die Kantengewichte dieser Neuronen zu N5 und N6 angepasst. Die erzeug-

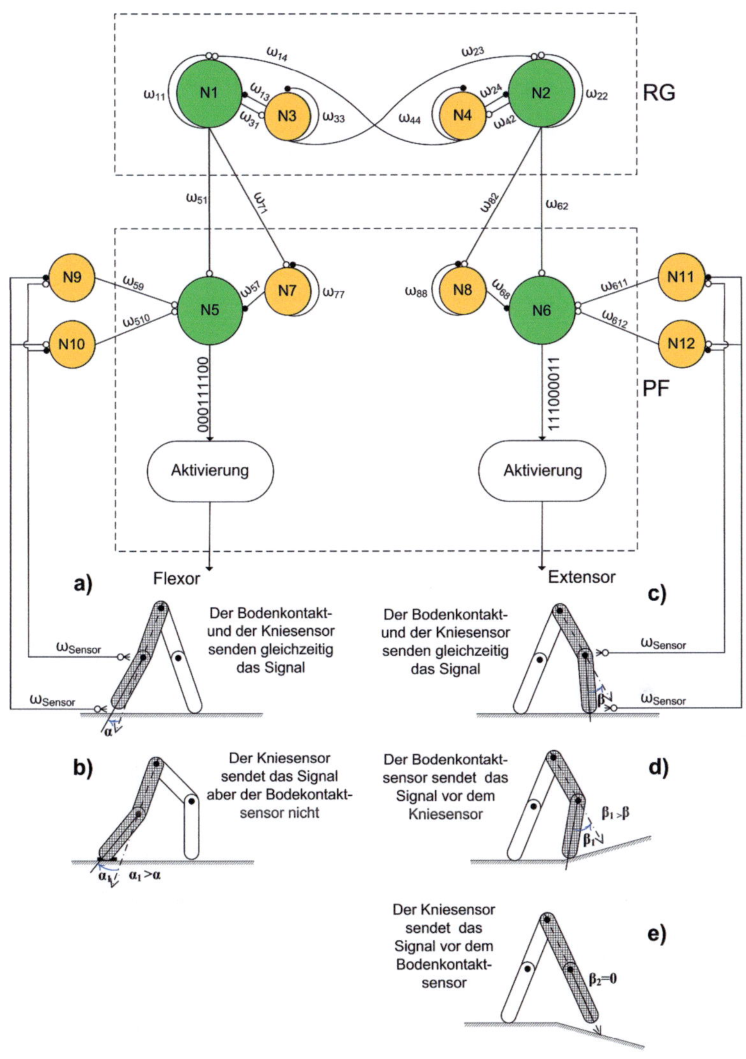

Abb. 3.21.: CPG mit SRM-Neuronen und Feedback [100]

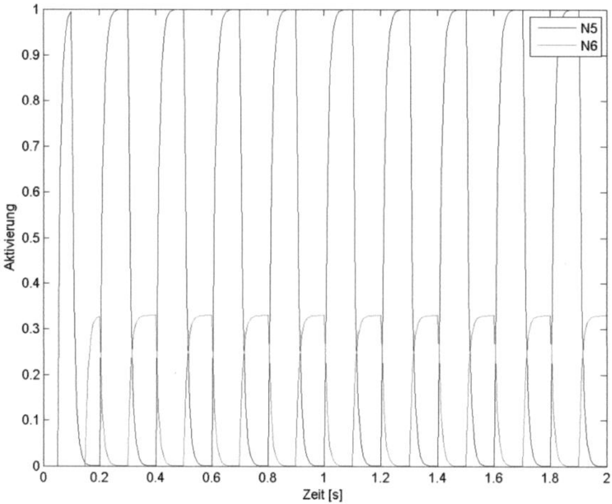

Abb. 3.22.: Von den Neuronen N5 und N6 erzeugte Aktivierungsmuster mit auf- und abklingenden Flanken (Parameter siehe Tabelle 3.6)

ten Aktivierungsmuster wurden anschließend auf ihre Verwendbarkeit für die Generierung von Bewegungsmustern evaluiert. Von diesen 2187 Parametersätzen führten 1205 zur Erzeugung von unterschiedlichen Aktivierungsmustern. Neben Mustern, die für die Erzeugung von Gangbewegungen geeignet sind (siehe z.B. Abb. 3.22 oder Abb. 3.25 und Abb. 3.26), wurden auch Muster erzeugt, die für die Aufgabe ungeeignet sind. Da ein gleichmäßiger Ablauf von Schrittbewegungen das Ziel der Arbeit ist, werden solche Aktivierungsmuster als praktikabel angesehen, welche ein einheitliches, sich gleichmäßig wiederholendes Muster ohne Unterbrechungen erzeugen. Wichtige Voraussetzungen für die Verwendbarkeit als Aktivierungsmuster für Bewegungen waren, dass die erzeugten Muster sowohl keinerlei Lücken aufweisen, als auch sich kontinuierlich wiederholen. Beispiele für solche Aktivierungsmuster sind in Abb. 3.22, 3.23 und 3.24 gezeigt.

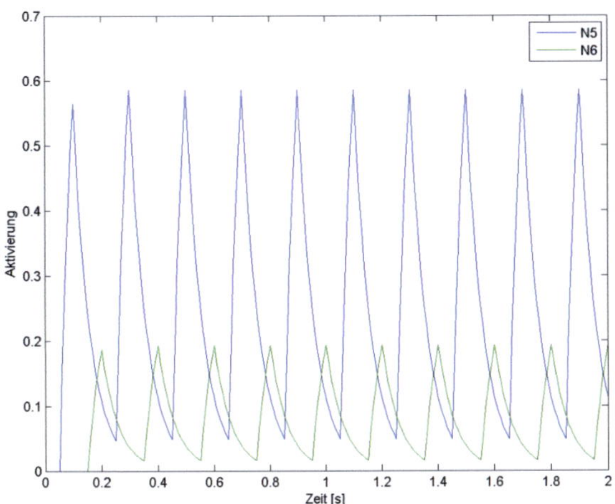

Abb. 3.23.: Von den Neuronen N5 und N6 erzeugte Aktivierungsmuster mit Sägezahn
(Parameter siehe Tabelle 3.6)

Tabelle 3.6 listet die für die beispielhaft dargestellten Muster verwendeten bzw. von Simulation zu Simulation angepassten Parameter auf. Für die Er-

Muster	τ_{N5}	ω_{57}	τ_{N6}	ω_{68}	ω_{71}	ω_{77}	ω_{82}	ω_{88}
Auf-/Abklingen (Abb. 3.22)	0,01	-32	0,01	-32	22	-22	22	-22
Sägezahn (Abb. 3.23)	0,06	-42	0,06	-42	32	-42	32	-42
lokale Maxima (Abb. 3.24)	0,11	-32	0,11	-32	32	-22	32	-22

Tab. 3.6.: Parameter für unterschiedliche Aktivierungsmuster der Mustergenerierung
(Symmetrisch für die Neuronen N5 und N6, bzw. N7 und N8)

zeugung der Aktivierungsmuster für die pneumatischen Aktoren wurde das in Abb. 3.22 dargestellte Muster gewählt, da es ein harmonisches Auf- und Abklingen der Aktivierung ermöglichte. Zusätzlich dazu konnten unterschiedliche Varianten des Musters je nach Anforderung generiert werden, wel-

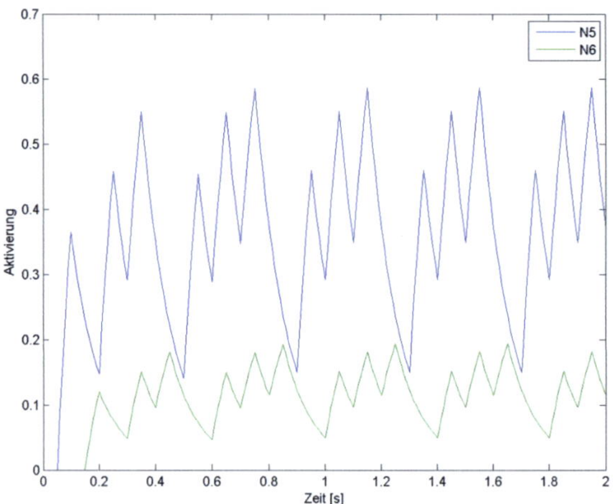

Abb. 3.24.: Von den Neuronen N5 und N6 erzeugte Aktivierungsmuster mit mehreren lokalen Extrema (Parameter siehe Tabelle 3.6)

che sich z.B. in der Dauer der maximalen Aktivierung unterschieden (siehe Abb. 3.25 und Abb. 3.26).

Ein unterschiedliches Andauern der Maximumplateaus ist mit den in Tabelle 3.7 aufgelisteten Parametern zu erreichen.

Muster	τ_{N5}	ω_{57}	τ_{N6}	ω_{68}	ω_{71}	ω_{77}	ω_{82}	ω_{88}
langes Plateau (Abb. 3.25)	0,01	-42	0,01	-42	22	-42	22	-42
kurzes Plateau (Abb. 3.26)	0,01	-32	0,01	-32	22	-42	22	-42

Tab. 3.7.: Parameter für Aktivierungsmuster der Mustergenerierung mit unterschiedlicher Ausprägung der Maximumdauer (Symmetrisch für die Neuronen N5 und N6, bzw. N7 und N8)

Die Abtastperiode wurde auf $50\ ms$ gesetzt, wobei die Reaktionszeit des Systems zwei Abtastperioden beträgt, was in etwa auch der menschlichen Re-

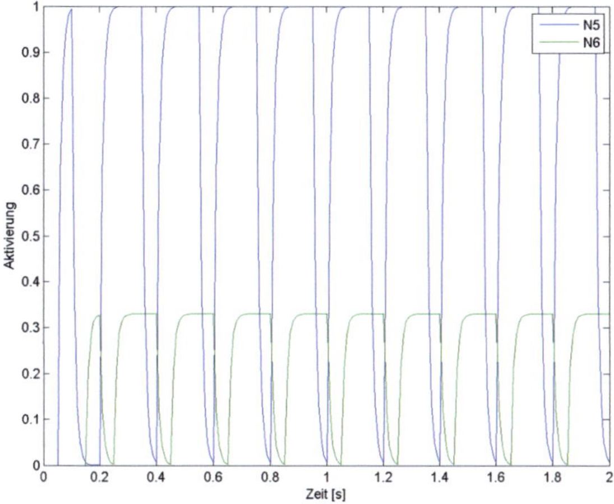

Abb. 3.25.: Von den Neuronen N5 und N6 erzeugte Aktivierungsmuster mit zeitlich
ausgedehntem Maximum (Parameter siehe Tabelle 3.7)

aktionszeit entspricht, wobei sie je nach Reflex- und Stimulationsart variieren
kann (zwischen $30\,ms$ beim Lidschlussreflex und $150\,ms$ beim Patellasehnenreflex).

Für die in Abb. 3.25 und Abb. 3.26 dargestellten Aktivierungsmuster wurden
wie bei der Anpassung der Aktivierungsfrequenz Kantengewichtungen angepasst. Für die, im Vergleich zur Bandbreite möglicher Aktivierungsmuster, relativ geringe Veränderung des Musters wurden nur die hemmenden Kantengewichte für ω_{57} und ω_{68} angepasst. Durch eine Reduktion des hemmenden
Einflusses (Gewichtungsfaktor von -42 auf -32) wurde eine Verlängerung
der Plateaus bei den Maxima der Muster erreicht. Veränderungen des Ge-
wichtsfaktors um andere Werte hatte entsprechend mehr oder weniger stark
ausgeprägte Veränderungen des Plateaus zur Folge.

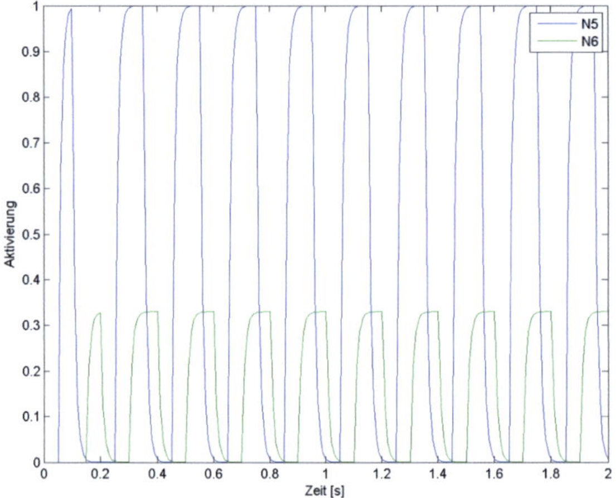

Abb. 3.26.: Von den Neuronen N5 und N6 erzeugte Aktivierungsmuster mit kürzerer maximaler Aktivierung (Parameter siehe Tabelle 3.7)

Der Anteil der 1205 generierten Muster die für die Generierung von Aktivierungsmustern nicht geeignet waren betrug ca. 20%. Entweder bildeten sich keine zyklischen Muster heraus (Abb. 3.27 und 3.28) oder es gab zeitliche Lücken zwischen einzelnen Aktivierungen, durch welche eine kontinuierliche Aktivierung der Aktoren nicht gewährleistet werden konnte (Abb. 3.29). Der Grund hier ist, dass bei bestimmten Kombinationen von Parametern die hemmenden Einflüsse so groß werden, dass sich Lücken bilden. Das ist z.B. der Fall, wenn alle anregenden Kantengewichte auf ihr Minimum, die hemmenden jedoch auf ihr Maximum eingestellt werden. Außerdem kann es in manchen Fällen vorkommen, dass sich mehrere exzitatorische Eingänge eines Neurons so verstärken, dass dieses kein verwendbares Aktivierungsmuster mehr liefert.

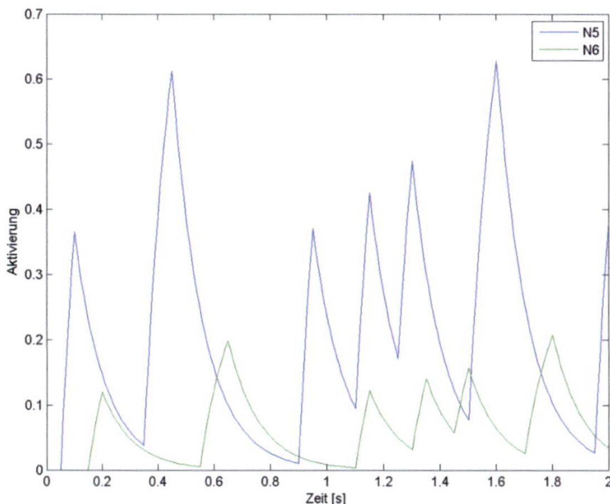

Abb. 3.27.: Beispiel für ein nicht zyklisches Aktivierungsmuster von den Neuronen N5 und N6 erzeugt (Parameter siehe Tabelle 3.8)

In Tabelle 3.8 sind die Parameter aufgelistet, die zu den hier gezeigten Beispielen von Aktivierungsmustern führten, die nicht für eine Verwendung zur Bewegungsgenerierung geeignet waren.

Muster	τ_{N5}	ω_{57}	τ_{N6}	ω_{68}	ω_{71}	ω_{77}	ω_{82}	ω_{88}
nicht zyklisch (Abb. 3.27)	0,11	-42	0,11	-42	22	-42	22	-42
nicht zyklisch (Abb. 3.28)	0,11	-42	0,11	-42	42	-22	42	-22
mit Lücken (Abb. 3.29)	0,01	-42	0,01	-42	42	-32	42	-42

Tab. 3.8.: Parameter für nicht sinnvolle Aktivierungsmuster der Mustergenerierung (Symmetrisch für die Neuronen N5 und N6, bzw. N7 und N8)

Bei der genannten Einteilung wurden auch solche Muster als "nicht zyklisch" charakterisiert, welche nicht innerhalb der verlangten Zeitspanne von 0,5 Sekunden einen Zyklus herausbilden konnten. Da nicht mehr Zeit für die Gene-

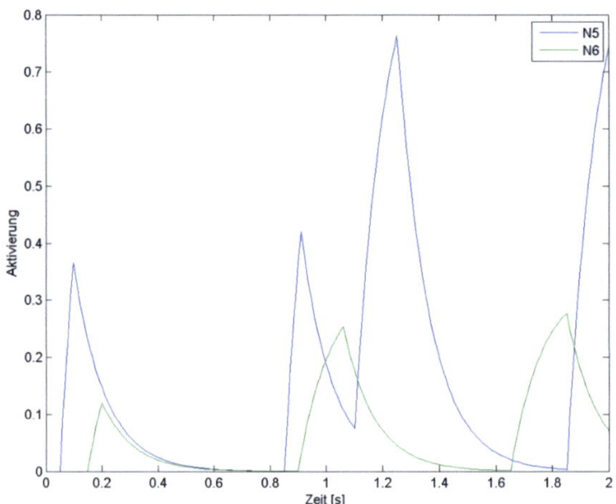

Abb. 3.28.: Weiteres Beispiel für ein nicht zyklisches Aktivierungsmuster erzeugt von den Neuronen N5 und N6 (Parameter siehe Tabelle 3.8)

rierung eines Aktivierungsmusters für einen Schritt zur Verfügung steht, sind solche Muster folglich nicht praktikabel.

Neben der Erzeugung von Aktivierungsmustern für die Beinaktoren soll sich auch eine künstliche Wirbelsäule synchron zu den Beinbewegungen bewegen. Eine Kopplung an das in Abb. 3.21 gezeigte Konzept ist dadurch zu bewerkstelligen, indem die erzeugten Aktivierungen nicht nur an die Beinaktoren geschickt werden, sondern entsprechend auch an die Aktoren der Wirbelsäule. Ebenso ist es notwendig, entsprechende Sensorinformationen, wie z.B. die Hüftwinkel, an die Regelung der Wirbelsäule weiterzuleiten. Dadurch kann im Störungsfall, wie Stolpern, eine Gewichtsverlagerung des Torsos initiiert werden, die eine Behebung der Störung erleichtert. In der vorliegenden Arbeit wurde das jedoch nicht realisiert, da nicht alle dafür notwendigen Sensoren im Demonstrator zur Verfügung standen.

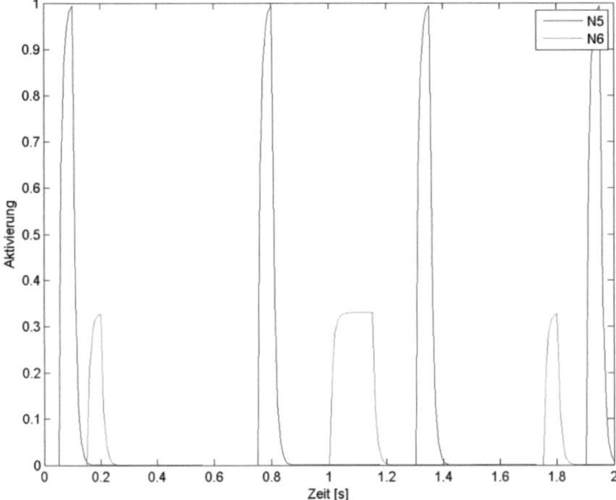

Abb. 3.29.: Von den Neuronen N5 und N6 erzeugte Aktivierungsmuster mit Lücken in der Aktivierung (Parameter siehe Tabelle 3.8)

3.3.2. Untersuchung des Verhaltens der neuen CPG-Struktur bei Geschwindigkeitsänderungen und Störungen

Rhythmus-Generator (RG) und Muster-Generator (PF) wurden noch durch vier zusätzliche Neuronen (N9 bis N12) ergänzt, um sensorisches Feedback zu integrieren (siehe Abb. 3.21). Das spielt für die grundsätzliche Erzeugung von Bewegungsmustern keine Rolle, wird aber essentiell, wenn es um die Erzeugung reaktiver Bewegungsmuster geht. Vor allem ist das dann wichtig, wenn sich der Untergrund ändern sollte oder eine Störung auftritt. Die zusätzlichen Neuronen sind exzitatorisch, also anregend, verbunden. Als Sensorsignale wurden in der Simulation sowohl Kniewinkel als auch Bodenkontakt-Informationen verwendet, die aus den Messungen an der Orthopädischen Uni-Klinik in Heidelberg ermittelt und an die Simulation angepasst wurden (Datensätze HD-EMG und HD-MoCap-NA).

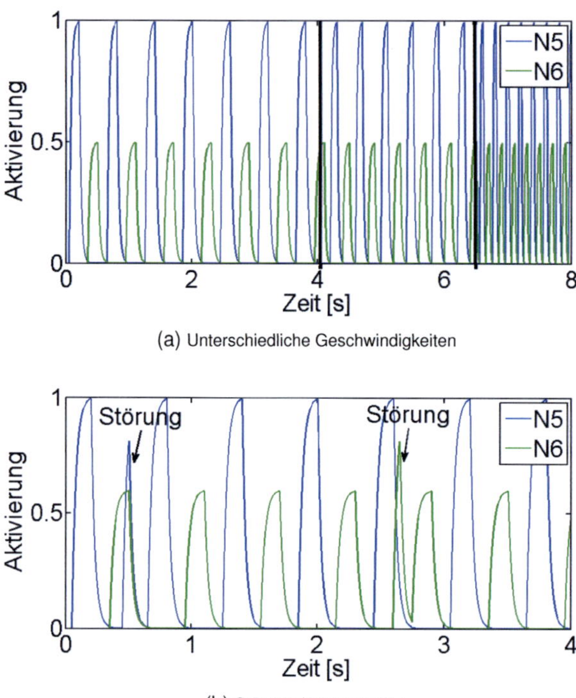

(a) Unterschiedliche Geschwindigkeiten

(b) Störungskompensation

Abb. 3.30.: Beispiele für vom CPG erzeugbare Aktivierungsmuster [100]

In Abb. 3.30 sind exemplarisch verschiedene generierte Aktivierungsmuster dargestellt. In Abb. 3.30 (a) wurde während der Laufzeit die Geschwindigkeit schrittweise um zwei Stufen angepasst bzw. erhöht. Das konnte durch Anpassungen der Kantengewichtungen im RG erreicht werden und wurde im vorhergegangenen Abschnitt näher beschrieben. In Abb. 3.30 (b) ist die Fähigkeit des CPGs Störungen zu kompensieren dargestellt. Die Störungen wurden dadurch simuliert, dass die Winkelinformationen, welche über die Neuronen N9 bis N12 ins System eingebracht wurden, angepasst wurden. Eine Störung wurde dabei so simuliert, dass ein kurzes Hängenbleiben des Beines dadurch erzeugt wurde, dass die Winkeländerung kurze Zeit (wenige Millisekunden) gestoppt wurde.

3.4. Zusammenfassung

Im vorangegangenen Kapitel wurde das neu entwickelte Analysesystem zum Vergleich von Aktivierungsmustern beschrieben. Die aufgenommenen menschlichen Muskelaktivierungen wurden aufbereitet und mit künstlich generierten Aktivierungsmustern verglichen.

Des Weiteren wurde ein Simulationssystem basierend auf einer CPG-Struktur und dem Spike-Response-Modell für künstliche Neuronen aufgebaut, um Aktivierungsmuster für Roboter zu generieren. Durch eine Analyse der möglichen Parameter wurden Parametersätze identifiziert, die zu gleichmäßigen, zyklischen Aktivierungsmustern führen und damit für die Generierung von Bewegungen geeignet sind.

Im folgenden Kapitel wird nun das entwickelte System zur Generierung von Aktivierungsmustern mit den genannten Parametersätzen zur Bewegungsgenerierung für einen Laufdemonstrator eingesetzt und experimentell erprobt.

4. Experimentelle Erprobung der neu entwickelten Bewegungsgenerierung

Das in Abschnitt 3.3 entwickelte System zur Synthese von stabilen, zyklischen Bewegungsmustern wurde so entworfen, dass es entsprechend den Kriterien in Abschnitt 3.1.2 in der Lage ist, während des Betriebs Bewegungen zu erzeugen (Kriterium 1). Ebenfalls sollen die erzeugten Bewegungen dem menschlichen Vorbild möglichst nahe kommen (Kriterium 3).

Des Weiteren soll das Gesamtsystem nach der Integration auf dem Demonstrator (Abb. 4.1), Störungen kompensieren (Kriterium 2). Außerdem muss es seine Geschwindigkeit aus der Bewegung heraus anpassen können (Kriterium 4). Der in Abb. 4.1 dargestellte Laufdemonstrator steht auf einem Laufband und wird von einem Gestell aus Bosch-Profilen gehalten, da er noch nicht über Aktoren für die seitliche Stabilisation verfügt. Im oberen Drittel des Gestells ist links die Labview-Karte zu sehen, über die die Ventile durch die Software angesprochen werden können. Rechts davon sind diese Ventile zur Ansteuerung der Fluidaktoren (rote Elemente am oberen Ende der Beine) angebracht. Die Knie und Füße bestehen aus handelsüblichen Prothesen. Das System zur Bewegungsgenerierung wurde im vorherigen Kapitel eingehend simulativ erprobt und die Parametrisierung für den Einsatz zur Generierung von Aktivierungsmustern für einen Laufdemonstrator optimiert. Die Optimierung erfolgte durch die Bewertung verschiedener Aktivierungsmuster die jeweils mit unterschiedlichen Parametersätzen erzeugt wurden.

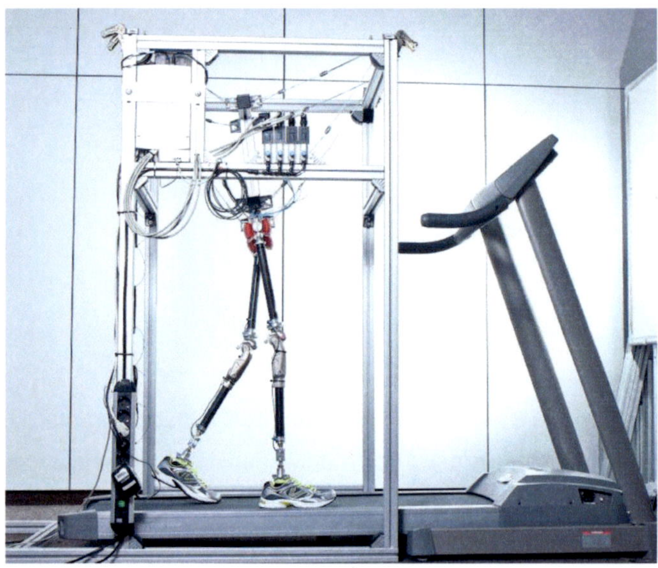

Abb. 4.1.: Versuchsaufbau: Zweibeiniger semi-passiver, pneumatisch angetriebener
Demonstrator auf Laufband am IAI des KIT

Im nun folgenden Kapitel werden sowohl der Aufbau des Demonstrators, die verwendeten Komponenten, aber auch das zugrundeliegende Konzept inklusive der Integration des Softwaresystems erläutert (Abschnitt 4.1).

Im Anschluss daran wird die experimentelle Erprobung im Detail beschrieben und die Ergebnisse der Experimente werden bewertet (Abschnitt 4.2).

4.1. Neues Hardwarekonzept für einen zweibeinigen Demonstrator

Durch die großen Fortschritte in den Bereichen der Material- und Fertigungstechniken sind heutige Prothesen sehr ausgereift. Das äußert sich auch dadurch, dass beidseitig unter- bzw. oberschenkelamputierte Menschen in der Lage sind, mit passiven Knie- und Fußprothesen gleichmäßig und sicher zu laufen. Ein gutes Beispiel sind dafür Leichtathleten der Paralympics. Entsprechende Bewegungsanalysen und Vergleiche zwischen amputierten und nicht-amputierten Probanden unterstreichen die Einschätzung [12, 16]. Das motiviert die Idee, ein ähnliches Prinzip für den Aufbau von humanoiden Robotern zu nutzen. Die Konzepte der Prothesentechnik könnten dabei auf die Robotik übertragen werden und darauf basierend ein Roboter-Prothesen-Hybrid aufgebaut werden [19]. Die sich daraus ergebenden Vorteile sind unter anderem eine Reduzierung der Aktoren (da Knie und Fuß passive Elemente sind). Neben einer Kosteneinsparung für die reduzierten Aktoren ist auch der Energiebedarf des Roboter-Prothesen-Hybrids geringer. Als Basis für das vorgestellte Konzept dient die Bewegungsanalyse, welche sowohl bei der Auslegung des Prototyps [145, 171] also auch bei der Evaluierung bzgl. der festgelegten Kriterien, insbesondere Kriterium 3, zum Einsatz kommt [19].

4.1.1. Bewegungsanalyse

Die in der vorliegenden Arbeit verwendeten Daten wurden mit dem in Abschnitt 3.2 beschriebenen Motion-Capture-Verfahren aufgenommen. Allerdings wurde dabei das VICON System des BioMotion Centers am Institut für Sport und Sportwissenschaft (IfSS) verwendet. Es besteht aus 14 VICON Infrarotkameras, welche um ein Laufband (h/p/cosmos) angeordnet waren. Bei der Anbringung der Kameras wurde darauf geachtet, dass stets jeder Marker von mindestens zwei Kameras aufgenommen werden kann. Damit sind keine Verdeckungen möglich und eine lückenlose Berechnung der Gelenkwinkel gewährleistet. Die Probanden (Proband A - amputiert, Proband B - gesund) wurden für die Aufnahmen nach dem VICON PlugInGait Ganzkörper Markergerüst mit reflektierenden Markern versehen (siehe Abb. 4.2).

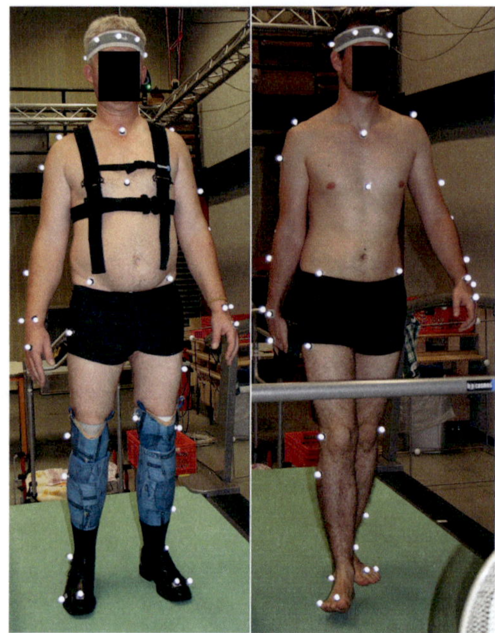

Abb. 4.2.: Gangdatenaufnahme von amputierten (links) und gesunden (rechts) Probanden [19])

Die aufgenommenen Datensätze (IfSS-MoCap-NA und -A, siehe Tab. 3.1) wurden mit der VICON Nexus Software verarbeitet und die Gelenkkinematiken per VICON PlugInGait Modell berechnet [43].

Die beiden Probanden wurden beim normalen Gehen mit verschiedenen Geschwindigkeiten ($2\,km/h$, $3\,km/h$ und $4\,km/h$) aufgenommen. Als Grundlage für die Auslegung der Aktoren und des Bewegungsbereichs einer künstlichen Wirbelsäule wurden im Rahmen der Aufnahmen auch Versuche durchgeführt, bei denen die Probanden einseitig ein Gewicht von $5\,kg$ trugen. Das Gewicht wurde sowohl links, als auch rechts getragen. Damit konnten sowohl Torso-Neigung als auch Kompensationsbewegungen mit dem unbelasteten Arm festgestellt werden.

In Abb. 4.3 sind die Mittelwerte der Hüftwinkel bei Einzelschritten der beiden Probanden gegeneinander dargestellt. Die Darstellung erstreckt sich von $0 - 100\%$ eines Einzelschritts. Beginnen tut die Darstellung beim Maximum des sagittalen Hüftwinkels. Es ist deutlich eine Winkelverschiebung um ca. $15°$ beim sagittalen Hüftwinkel zwischen Proband A und B zu erkennen. Ähnliche Unterschiede treten auch beim transversalen und lateralen Hüftwinkel auf. Das ist (neben Ungenauigkeiten bei der Platzierung der Marker) vor allem auf individuelle Unterschiede im Gang und den Umstand zurückzuführen, dass durch die passive Prothese im Fußgelenk kein aktives Heben des Fußes erfolgen kann und das folglich über eine veränderte Hüftbewegung kompensiert werden muss. Deutlich wird das auch beim lateralen Hüftwinkel, der bei ca. 10% des Schrittes einen maximalen Abstand der beiden Kurven aufweist und bei ca. 85% einen minimalen Abstand. Das ist auf das seitliche Kippen der Hüfte beim amputierten Probanden zurückzuführen, der durch ein stärkeres Anheben der Hüfte, die fehlende Verkürzung des Beins durch einen aktiven Fußheber kompensiert. Gleiches gilt auch für den transversalen Hüftwinkel der ebenfalls bei 10% einen maximalen Abstand zu dem des nicht amputierten Probanden aufweist. Grund dafür ist wieder der fehlende Fußheber, was zu einem Hinauszögern des Abhebens des Fußes vom Boden führt. Das hat zur Folge, dass sich die Hüfte des amputierten Probanden bei jedem Schritt einen etwas höheren lateralen Winkelbereich überstreicht als es beim nicht amputierten Probanden der Fall ist. Eine genaue Untersuchung, zu welchen Anteilen diese Unterschiede auf individuelle Unterschiede der Probanden oder auf die Prothesen zurückzuführen sind, war nicht möglich. Um aussagekräftige Daten für solch eine Untersuchung zu erhalten ist mehr als nur ein Proband erforderlich. Das war mangels geeigneter Probanden im Rahmen der vorliegenden Arbeit nicht möglich.

Eine allgemein gültige Studie, die auf einer größeren Probandenzahl basiert, war nicht Ziel der Arbeit. Es hat sich aber gezeigt, dass auch Menschen

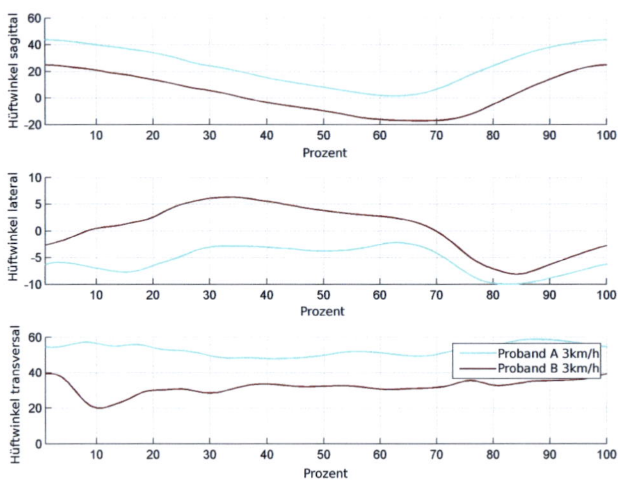

Abb. 4.3.: Hüftwinkel von Proband A (amputiert) und B (nicht amputiert) über Winkel in der sagittalen Ebene der Einzelschritte gemittelt (Anzeige in Prozent des Gangzyklus, $v = 3\ km/h$)

mit Amputationen, das entsprechende Umfeld vorausgesetzt, vergleichbar sicher wie nicht amputierte Menschen gehen können. Beeindruckende Beispiele dafür sind bei den Paralympics zu beobachten. Zusätzlich zeigen das aber auch Erfahrungsberichte der Probanden, die an den Versuchen teilnahmen. Das wurde als Anreiz genommen, vergleichbare Komponenten für den Bau eines zweibeinigen Laufdemonstrators zu verwenden [16, 171]. Die verwendeten Komponenten und der Aufbau des Demonstrators werden im folgenden Abschnitt beschrieben.

4.1.2. Komponenten und Aufbau des Demonstrators

Der folgende Aufbau des Demonstrators motiviert sich vor allem daraus, dass Prothesenteile unter anderem sehr leicht sind und noch dazu, von wenigen

(a) Flex-Foot Axia von Össur[1] © by Össur hf

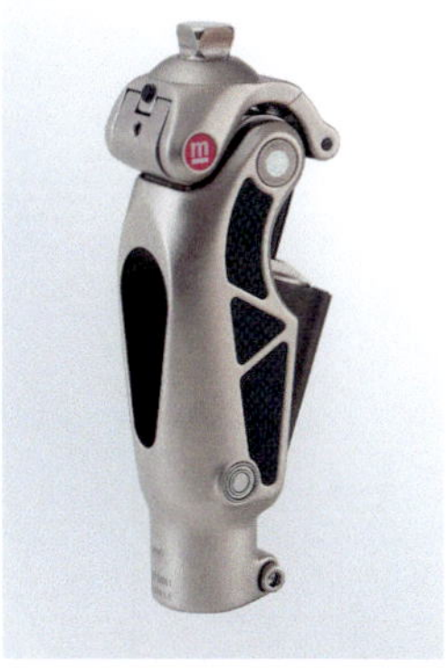

(b) Knieprothese Medipro OP4[2]

© by medi GmbH & Co. KG

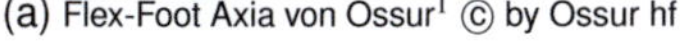

Abb. 4.4.: Für den Demonstrator verwendete Fuß- (a) und Knieprothesen (b)

Ausnahmen abgesehen [99,152], nicht aktuiert sind [123]. Noch dazu ermöglichen sie, wie beschrieben, gleichmäßiges und sicheres Gehen bei amputierten Menschen. Durch den erstmaligen Einsatz von Prothesenteilen in der Robotik wird erreicht, dass der Demonstrator nicht in allen Gelenken aktuiert sein muss. Das spart Gewicht, welches für Aktoren, sensorische Ausstattung der Aktoren und Verkabelung notwendig ist. Zusätzlich dazu verringern sich der Energieverbrauch sowie die zu verarbeitende Datenmenge. Im Gegensatz zu bisherigen passiven bzw. unteraktuierten Robotern werden keine so engen Anforderungen an das Terrain gestellt (z.B. schiefe Ebene).

Die Beine bestehen aus handelsüblichen Fuß- (Flex-Foot Axia von Össur, Abb. 4.4 (a)[1]) und Knieprothesen (medipro OP4, Abb.4.4 (b)[2]). Sie sind über Carbon-Rohre miteinander verbunden, wobei die Maße den Angaben in DIN 33402 Teil 2 [85], sowie dem Modell von Barter [13] entsprechen. Die Wahl fiel auf die genannte Knieprothese, weil sie neben einem geringen Gewicht

---

[1]Bilder © Copyrights by Össur hf: Mit freundlicher Genehmigung der Firma Össur - www.ossur.de

[2]Bilder © Copyrights by medi GmbH & Co. KG; Mit freundlicher Genehmigung der Firma medi GmbH www.medi.de

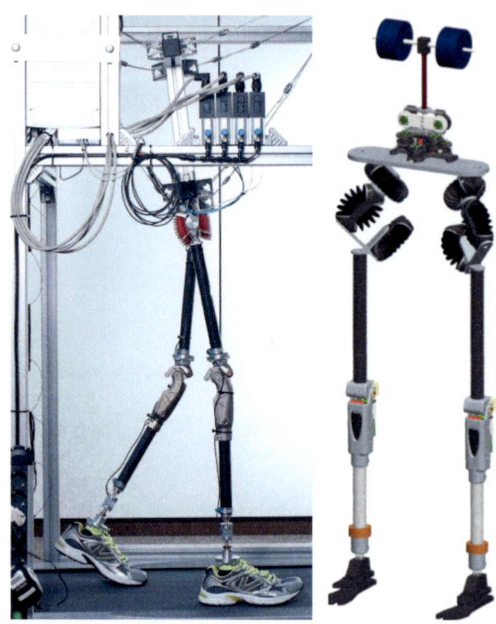

Abb. 4.5.: Versuchsaufbau zur experimentellen Erprobung (links) und ganzheitliches pneumatisches Konzept für die zukünftige zweite Generation (rechts) [145]

auch noch die zusätzliche Funktionalität mit sich bringt, dass die Dämpfung des Gelenks manuell eingestellt werden kann. Das spielt vor allem darum eine Rolle, da erste Versuche nur mit den Beinen ohne Torso, Wirbelsäule oder Arme ausgeführt werden sollen. Das führt dazu, dass das Gesamtgewicht des Systems deutlich geringer ist, als im eigentlichen Einsatzgebiet bei oberschenkelamputierten Personen. Darum wurde die Dämpfung für die Versuche sehr niedrig eingestellt. Ein weiterer Vorteil der anpassbaren Dämpfung besteht darin, dass die Prothese analog zur schrittweisen Erweiterung des Systems angepasst werden kann.

Der gesamte Demonstrator ist in Abb. 4.5 zu sehen.

Hierbei sind deutlich die Knieprothesen zu erkennen. Die Fußprothesen befinden sich in den Laufschuhen, welche passiv zu einer Stabilisierung des

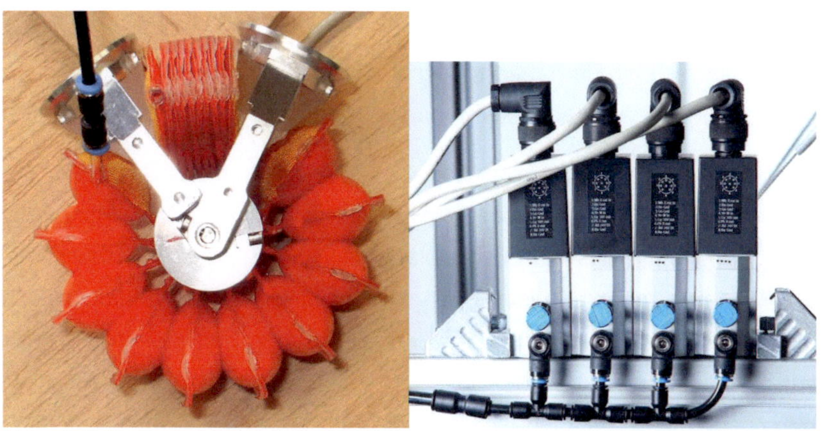

(a) Mehrkammer-Folienaktor für den Antrieb in der Hüfte

(b) FESTO-Ventile zur Ansteuerung der Aktoren

Abb. 4.6.: Hüftaktoren (a) [75, 146] und Ventile zur Ansteuerung (b)

Systems beitragen, indem sie die Standfläche vergrößern. Ergänzend federn und dämpfen die Sohlen der Laufschuhe genau wie beim Menschen die Erschütterungen beim Aufsetzen der Ferse, was mit dem Vorteil einher geht, dass Erschütterungen des Systems verringert werden.

Im oberen Teil des Demonstrators sind deutlich die roten Mehrkammer-Folienaktoren zu erkennen [75], welche die Beine in sagittaler Ebene antreiben. Eine Detailaufnahme des verwendeten Gelenks samt zugehöriger Aktoren ist in Abb. 4.6 (a) dargestellt. Die Regelung des Luftstroms für die Aktoren wird über Festo-Ventile gesteuert (rechts über dem Demonstrator in Abb. 4.5 (links) und im Detail in Abb. 4.6 (b) zu sehen). Die Ansteuerung der Ventile sowie die Datenaufnahme von den Winkelsensoren in den Hüftgelenken erfolgt über eine LabView-Karte (Abb. 4.5 ganz oben links), welche die Schnittstelle zum Steuerprogramm auf einem PC darstellt. In Abb. 4.5 (rechts) ist das zukünftige Konzept für die zweite Generation des pneumatisch angetriebenen Laufdemonstrators dargestellt. Die Kniegelenke und Füße sind dabei identisch zu den bisher verwendeten, in den Hüftgelenken kommen jedoch neue Aktoren zum Einsatz. Es ist dabei geplant, die Aktoren so anzuordnen, dass zusätzlich zu Flexion und Extension des Beins auch Adduktions- und Abduktions- sowie Rotations-Bewegungen der Oberschenkel möglich sind.

Die beiden Beine sind an einer T-förmigen Aufhängung aus Bosch-Profilen montiert, welche über Drahtseile am Rahmen befestigt ist. Die Aufhängung verhindert ein Umfallen der Beine, solange sich das System noch nicht selbst stabilisieren kann. Durch die nicht starre Befestigung zeigte sich zudem, dass die Beine durch den Wechsel zwischen Schwingen und Stemmen bereits von sich aus eine Neigung der Hüfte in der Frontalebene erzeugen. Eine vergleichbare Bewegung dient beim menschlichen Gang unter anderem auch dazu, die Schwungphase zu unterstützen und den Bodenkontakt beim nach vorne Schwingen des Beines zu vermeiden.

Ergänzend zu dem beschriebenen System wurde eine künstliche Wirbelsäule entwickelt [127] (Abb. 4.7 (a)). Sie soll das System in die Lage versetzen, sich während der Gangbewegung selbst zu stabilisieren. Vorbild war auch hier die menschliche Wirbelsäule, welche aus starren Wirbelknochen, den Bandscheiben, welche als Dämpfer fungieren, sowie Muskeln/Sehnen und Nerven besteht. Das zugrunde liegende Regelungskonzept basiert dabei auf der Abstrahierung des Systems als inverses mehrsegmentiges Pendel [66].

Der aufgebaute Prototyp besteht aus zwei Ebenen, welche jeweils über drei Fluidaktoren bewegt werden [16, 56]. Die zweite Ebene ist auf der ersten Ebene aufgesetzt und bildet so den schichtweisen Aufbau biologischer Wirbelsäulen nach (Abb. 4.7 (b)). Hierbei sind die jeweiligen Ebenen so gelagert, dass sie sich um zwei Achsen, in sagittaler und lateraler Körperebene, bewegen können. Die Anordnung der Aktoren bildet dabei ein gleichschenkliges Dreieck, wobei sie bei der Bewegungserzeugung als Antagonist bzw. Agonist agieren. Eine Versteifung des Systems ist ebenfalls möglich, indem alle Aktoren mit dem selben Druck beschickt werden. Die Aktoren kombinieren dabei die Funktionalität von Muskeln als Antriebe und den Dämpfungseigen-

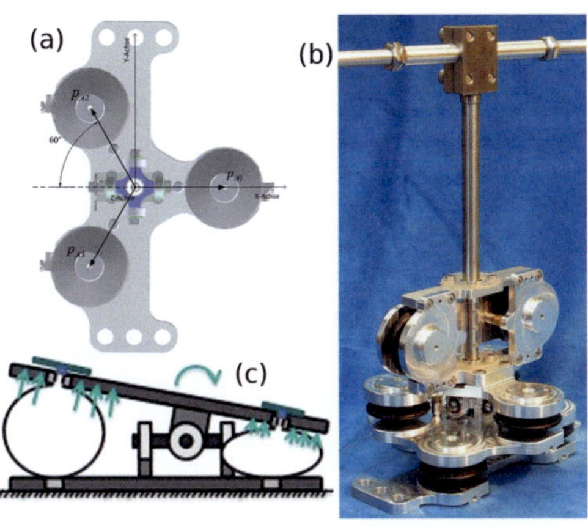

Abb. 4.7.: Konzept und Prototyp der pneumatischen Wirbelsäule [16]

schaften der Bandscheiben, indem die Kompressibilität der Luft ausgenutzt wird. Der hier verfolgte Ansatz mit den zwei Ebenen ist so konzipiert, dass eine Erweiterung der Wirbelsäule um zusätzliche Ebenen mit sehr geringem Arbeitsaufwand erfolgen kann. Das ermöglicht den schrittweisen Ausbau des Systems.

Dem Entwurf und Aufbau der künstlichen Wirbelsäule wurden dabei Daten aus Ganganalysen (Datensätze IfSS-MoCap-NA und -A) zugrunde gelegt, um sowohl Bewegungsbereich, als auch -geschwindigkeit und -beschleunigung einer menschlichen Wirbelsäule zu erreichen [127]. Ebenso erfolgte eine mathematische Modellierung der verwendeten Komponenten (Ventile, Aktoren), um das System auch simulativ erproben zu können [16, 50]. Die Betreuung von [50] erfolgte während der Arbeiten an der vorliegenden Dissertation.

Bei der mathematischen Modellierung wurde schrittweise vorgegangen und zuerst für die einzelnen Komponenten geeignete Modelle ausgewählt. Anschließend wurde aus den Modellen das Gesamtsystem der Wirbelsäule mo-

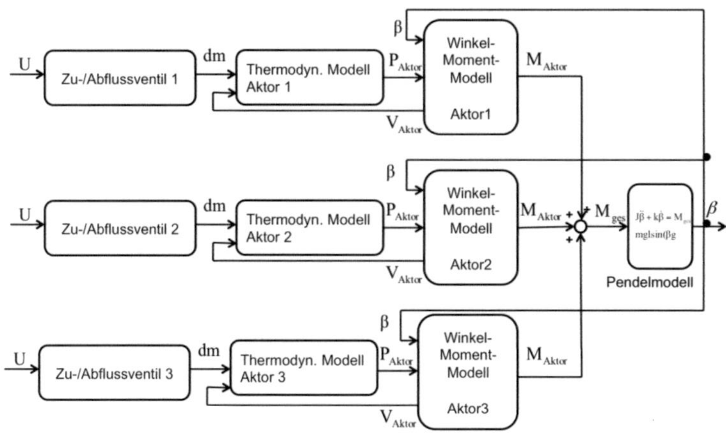

Abb. 4.8.: Gesamtmodell der pneumatisch aktuierten künstlichen Wirbelsäule [16]

delliert. Für die Ventile wurde ein Modell basierend auf der Bernoulli'schen Druckgleichung gewählt. Es zeigte im Vergleich zum Modell nach ISO 6358 deutlich bessere Ergebnisse (kleinerer Fehler) beim Vergleich zwischen Messung und Simulation. Für die Aktoren wurde ein Winkel-Moment-Model verwendet und die durch Erwärmung und Luftdruck wirkenden Einflüsse fanden in einem thermodynamischen Modell Berücksichtigung [16, 50].

Für das Gesamtmodell der künstlichen Wirbelsäule ergibt sich dann das in Abb. 4.8 dargestellte Strukturbild.

Für die Regelung wurde als Basis ein Pendelmodell gewählt [40, 127] und sowohl eine Drei-Punkt-Positionsregelung, als auch eine Drei-Punkt-Druckregelung erprobt. Die Druckregelung zeigte deutlich bessere Eigenschaften.

Eine genaue Evaluation war jedoch aufgrund der begrenzten Regelfrequenz von $20\,Hz$ nicht möglich. Die Ursache dafür liegt vor allem in den verwendeten Labview-Karten, welche in der vorhandenen Ausführung und Stückzahl im Verhältnis zu den verwendeten Sensoren und der anfallenden Datenmen-

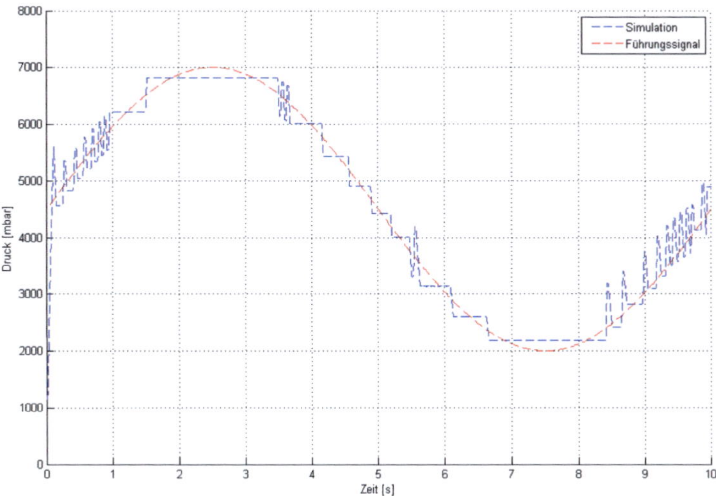

Abb. 4.9.: Simulation des Folgeverhaltens einer Drei-Punkt-Druckregelung bei $150\ Hz$
Regelfrequenz [16]

ge keine höhere Regelfrequenz zuließen. Bei Simulationen mit einer Regelung auf $150\ Hz$ ergaben sich aber ausgesprochen gute Ergebnisse beim Folgeverhalten bzgl. einer vorgegebenen Sinuskurve (Abb. 4.9).

Auch wenn die Regelung der Wirbelsäule noch zusätzliche Arbeiten erfordert, so war bereits dennoch eine Integration auf dem zweibeinigen Demonstrator möglich (Abb. 4.10). Die Aufnahmen wurden im Rahmen der Abschlussbegutachtung des SFB-588 angefertigt. Gut zu erkennen sind in den beiden Bildern auch zusätzlich angebrachte Gewichte von zweimal $2\ kg$ (in Abb. 4.10 (a) links oben bzw. rechts unten im Vordergrund, und in Abb. 4.10 (b) auf den Aufhängeleisten des Demonstrators). Sie dienen vor allem dazu, bei der Auslegung und Ansteuerung schon das zusätzliche Gewicht eines Torsos zu berücksichtigen und führen im Nebeneffekt zu einem deutlich ruhigeren Gangmuster.

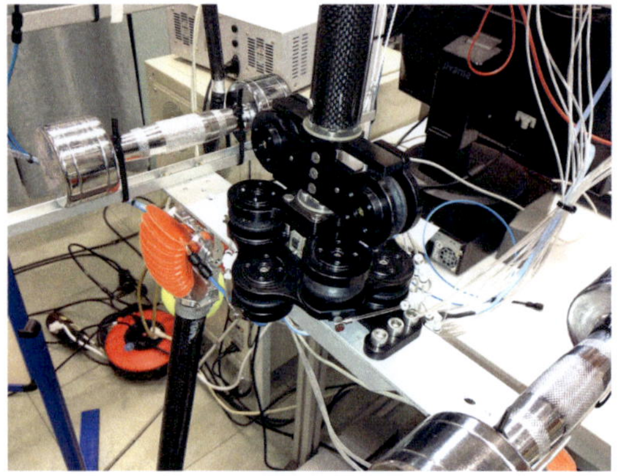

(a) Montierte Wirbelsäule

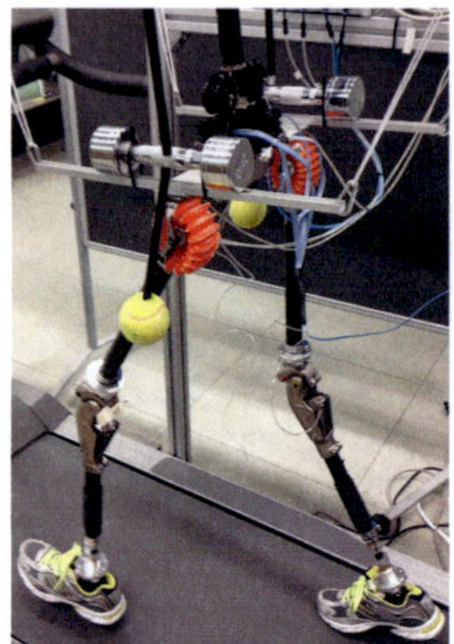

(b) Gesamtdemonstrator mit Wirbelsäule

Abb. 4.10.: Künstliche Wirbelsäule auf dem zweibeinigen Demonstrator

Mangels Regelung der Wirbelsäule wegen fehlender Sensorik wird sie zur Zeit entweder nur steif verwendet oder erhält von den CPGs die Winkelwerte der Hüftgelenke und bewegt sich (allerdings nur gesteuert) synchron zu den Beinen mit, indem sie sich nach rechts und links neigt.

4.1.3. Integration der Bewegungssynthese ins Gesamtsystem

Die Ansteuerung der LabView-Karten zur Datenaufnahme und Ventilsteuerung der Aktoren erfolgt über das entsprechende Programm LabView. Die Softwareumgebung stellt alle notwendigen Schnittstellen für Datenaufnahme, Ansteuerungen und die Einbindung von Codemodulen zur Verfügung. Basierend darauf wurde das Gesamtsystem zur Bewegungsgenerierung implementiert und bereits als Matlab-Code existierende Komponenten (CPGs) integriert.

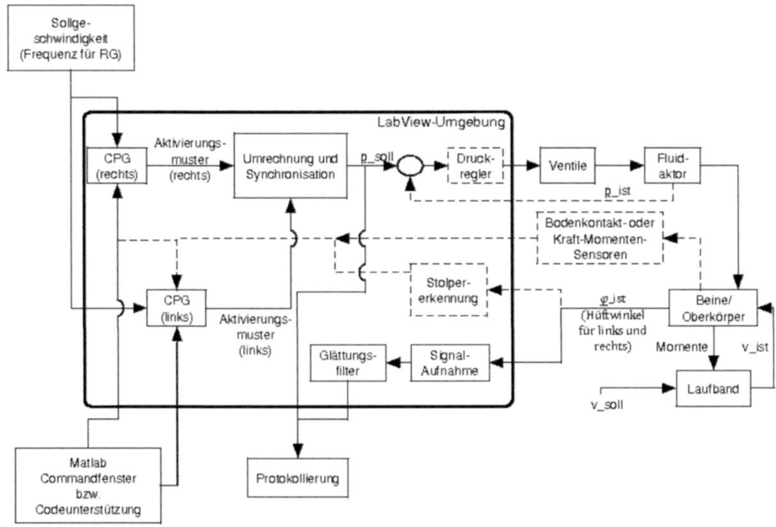

Abb. 4.11.: Datenflüsse für die Ansteuerung der Beine (gestrichelt: geplante Erweiterungen)

Ein Datenflussgraph für das LabView-Programm zur Bewegungsgenerierung nach [118] ist in Abb. 4.11 dargestellt. Das Programm entstand als Teil der Abschlussarbeit deren Betreuung im Rahmen der Dissertation erfolgte.

Mit durchgezogenen Linien sind die aktuell implementierten und im Betrieb erprobten Komponenten eingezeichnet, gestrichelt sind mögliche Erweiterungen dargestellt. Die Sollgeschwindigkeit wird vom Benutzer fest eingestellt und an den in Matlab implementierten CPG übergeben. Der CPG ist über einen Matlab-Skriptknoten in LabView eingebunden (Abb. 4.12 links) und ist dadurch in der Lage, zur Laufzeit Aktivierungsmuster für die Ansteuerung der Fluidaktoren und der Ventile zu erzeugen. Dabei werden in den beiden in Abb. 4.12 links dargestellten Matlab-Skriptknoten für die rechten (oben) und linken (unten) Aktoren des Demonstrators die entsprechenden Aktivierungsmuster erzeugt. Die Werte werden durch Einbringen einer Anregungsfrequenz (Abb. 4.12 Mitte) entsprechend den Randbedingungen für

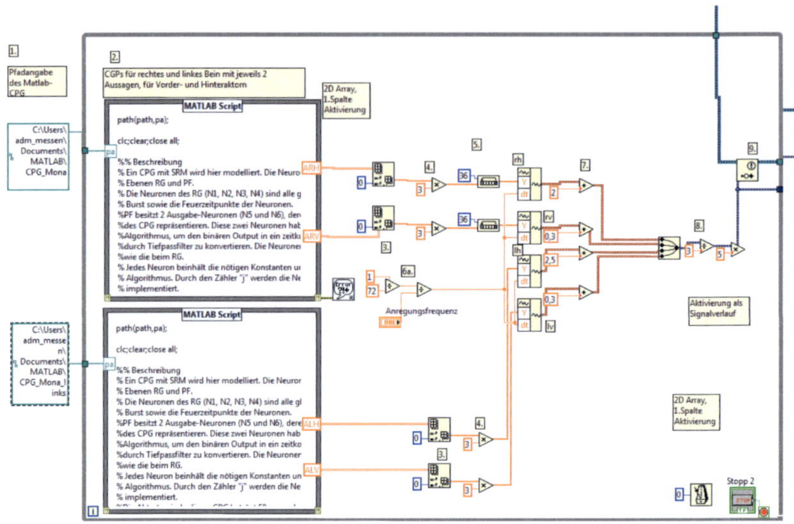

Abb. 4.12.: LabView-Blockschaltbild der Bewegungsgenerierung

das gewünschte Schrittmuster angepasst. Im Weiteren werden die Aktivierungsmuster für die Aktoren nach Flexor und Extensor aufgespalten (rechts in Abb. 4.12) und der Signalverlauf schließlich an die Ventilsteuerung ausgegeben.

Die Soll-Drücke für die Aktoren werden hierfür durch die Umrechnung aus den Aktivierungsmustern erzeugt und dann direkt an die Ventile weitergegeben. Entsprechend den Arbeiten an der Wirbelsäule [16, 50] ist hier die Integration einer Druckregelung geplant. Da in den aktuell verwendeten Aktoren der Hüfte noch keine Drucksensoren verbaut sind, war eine Berücksichtigung entsprechender Werte bei den Experimenten nicht möglich. Die Fluidaktoren werden über die Ventile schließlich mit Druckluft versorgt, was zu einer Ausdehnung der Aktoren führt und in einem erzeugten Drehmoment resultiert. Über die in die Hüftgelenke integrierten Winkelsensoren ist es möglich, die Bewegungswinkel (φ_{ist}) an der Signalausgabe aufzuzeichnen und nach der

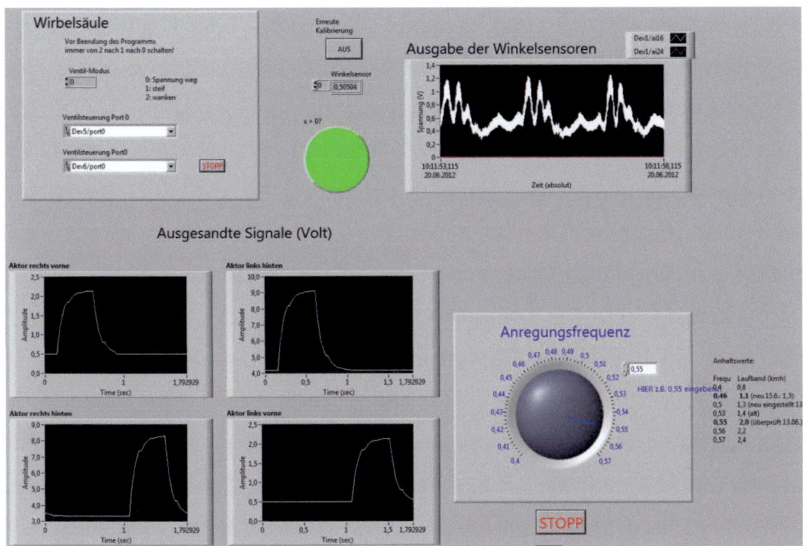

Abb. 4.13.: LabView-Benutzeroberfläche

Aufbereitung mittels eines Glättungsfilters in einer Textdatei für Auswertungen zu dokumentieren.

Die Benutzeroberfläche in Labview ist in Abb. 4.13 dargestellt. Es werden dabei sowohl die erzeugten Bewegungsmuster (unten links) als auch die Hüftwinkel der Beine (oben rechts) angezeigt. Als Eingaben können die Sensoren kalibriert werden (oben Mitte) und über ein Drehrad oder eine Eingabemaske eine Geschwindigkeit festgelegt und verändert werden (unten rechts). Außerdem kann aus mehreren Szenarien eines ausgewählt werden und entsprechende zusätzliche Aktoren, wie z.B. die Wirbelsäule, zugeschaltet werden (oben links).

Wie in Abb. 3.21 dargestellt, können die gemessenen Winkel auch über zusätzliche Neuronen in den CPG zurückgeführt und bei der Mustergenerierung berücksichtigt werden. Alternativ kann auch ein Block vorgeschaltet werden, der für die Erkennung von Stolpern verantwortlich ist. Als weitere Sensoren sind z.B. Bodenkontakt-, Gyroskop- oder Kraft-Momenten-Sensoren in den Füßen und Fußgelenken bzw. an der Hüfte denkbar. Solche Sensoren sind vor allem für die Anpassung der Gangmuster auf externe Gegebenheiten wie z.B. Veränderungen des Untergrundes und auch zur Erkennung von Störungen und Stolpern notwendig. Für die Gleichgewichtsregelung des gesamten Demonstrators und eine entsprechende Nutzung der Wirbelsäule, um hier stabilisierend wirken zu können, ist ein Gyroskopsensor, der die Orientierung des Demonstrators im Raum liefert, essentiell. Da solche Sensoren im aktuellen Demonstrator noch nicht vorhanden sind, war eine Implementierung entsprechender Fähigkeiten und die experimentelle Erprobung nicht möglich. Mit entsprechenden Sensoren ist auch ein deutlicher Ausbau des Reflexsystems möglich, um den Demonstrator mit zusätzlichen Fähigkeiten zur direkten Reaktion auf störende externe Einflüsse auszustatten.

Beispiele für zusätzliche Reflexe sind vielfältig. Zum Schutz der Aktoren könnte ein Reflex die Drücke in den Aktoren berücksichtigen und ähnlich dem Kniesehnenreflex bei zu hohem Druck Ablass-Ventile ansteuern. Eine Kombination aus Winkel-, Druck- und Gyroskopdaten könnte in einem Reflex zur Reaktion auf Stolpern oder Gleichgewichtsverlust Verwendung finden und entsprechende Ausfallschritte (entsprechende Freiheitsgrade vorausgesetzt) initiieren.

Der hier dargestellte Aufbau integriert die in [100] entwickelte und in Abschnitt 3.3 vorgestellte und weiterentwickelte Aktivierungsmustergenerierung mittels eines CPGs in ein LabView-Programm und verwendet ein vom CPG offline erzeugtes Bewegungsmuster zur Ansteuerung der Hüftaktoren der Beine. Eine Anpassung der Aktivierungsmuster zur Laufzeit war so allerdings noch nicht möglich. Folglich wurden basierend auf dem bestehenden System Erweiterungen vorgenommen (Einbringen einer Anregungsfrequenz, siehe Abb. 4.12 Mitte), wodurch es nun möglich ist, die Ansteuerung für die Ventile komplett zur Laufzeit zu berechnen und sie auch durch Benutzervorgaben, wie z.B. Geschwindigkeitsänderungen und externe Einflüsse anzupassen.

In die Gesamtarchitektur, welche in Abschnitt 1.2.2 vorgestellt und in Abschnitt 2.6 durch die Ausnahmebehandlung mit Reflexen ergänzt wurde, lässt sich die Bewegungsgenerierung als eigenes Subnetz bzw. als eigenes Handlungsüberwachungsnetz integrieren. Dabei entspricht die Ausführung der Bewegungen der Stelle A_{Ac} und entsprechende Störungsbehandlungen oder Reflexe werden in der Stelle A_{Rx} integriert. Dem zugehörigen Koordinierungsnetz fällt dann die Aufgabe zu, die Roboterhandlungen mit der Lokomotion zu organisieren.

4.2. Experimentelle Erprobung der Bewegungssynthese

Im vorangegangenen Abschnitt wurde der Aufbau eines ganzheitlichen Softwaresystems zur Bewegungssteuerung inklusive der notwendigen Schnittstellen zur Ansteuerung des zweibeinigen Demonstrators beschrieben. Die Erprobung des Systems erfolgte experimentell auf dem Demonstrator des Instituts für Angewandte Informatik (IAI) (Abb. 4.1).

Für die Erprobung wurden drei Hauptziele festgelegt, welche auch den in Abschnitt 3.1.2 festgelegten Kriterien Rechnung tragen. Die generierten Bewegungsmuster sollten nicht nur möglichst menschenähnlich aussehen, sondern vor allem während des Betriebs, also online, berechnet werden. Als Resultat war ein stabiler Gangzyklus angestrebt. Weiterführend war gefordert, dass das System aus der Bewegung heraus seine Schrittfrequenz, also seine Geschwindigkeit ändern kann. Als dritter Punkt schließlich wurde analysiert, bis zu welchem Grad das System in der Lage ist, Unterschiede zwischen eigener Schrittgeschwindigkeit und der Geschwindigkeit des Laufbandes auszugleichen. Die Laufbandgeschwindigkeit wurde während aller

Versuche manuell eingestellt. Da ein zukünftiges Ziel ist, dass der Demonstrator frei läuft, war es auch nicht vorgesehen, die Laufbandgeschwindigkeit direkt im System an den CPG zu koppeln.

Beim zweibeinigen natürlichen Laufen überwiegt beim Menschen der Anteil von dynamischer Stabilität den der statischen Stabilität bei weitem, da Menschen bei normaler Fortbewegung nicht auf einem Bein balancieren [142]. Der Stabilitätsbegriff wird hier jedoch anders als in der klassischen Regelungstechnik definiert [160]. Der Unterschied zwischen den beiden genannten Arten von Stabilität besteht darin, dass bei statischer Stabilität das System jederzeit in der aktuellen Position gestoppt werden kann, ohne instabil zu werden und folglich umzufallen. Statische Stabilität ist dabei so definiert, dass die Projektion des Gravitationsvektors des Roboters bzw. der Person, innerhalb der konvexen Hülle aller Kontaktpunkte liegen muss. Bei der dynamischen Stabilität ist die Bewegung des Systems entscheidend, um es auf seiner aktuellen Bahn zu halten. Hört z.B. ein Sprinter mitten in der Bewegung auf, seine Arme und Beine zu bewegen, ist die Folge, dass er unkontrolliert umkippt. Seine Trägheit erlaubt ihm aber, sich kontrolliert fortzubewegen.

Eine klassische Stabilitätsanalyse im Sinne der Regelungstechnik [55] ist im Falle der menschlichen Fortbewegung nicht realistisch, weil Modelle der Regelstrecke (z.B. Bodenkontakt) nicht vollständig erstellt werden können. Ähnliche Probleme ergeben sich bei der Überwachung nach [103] mit Störschätzung aus bekannten Modellen der Regelstrecke.

Die zweibeinige Fortbewegung kann auch als "kontrolliertes Fallen" bezeichnet werden, was auch bei passiv dynamischen Läufern zum Einsatz kommt (siehe Abschnitt 1.2.1). Darum muss auch beim hier verwendeten zweibeinigen Demonstrator ermittelt werden, in welchem Geschwindigkeitsbereich er sich flüssig bewegen kann, ohne dabei ins Stolpern zu kommen oder zu kippen. Dafür wurde eine Serie von 20 Versuchen durchgeführt und ermittelt, dass der Demonstrator in der Lage ist, sich bei Geschwindigkeiten im

Intervall von $0,8$ bis $3,5\ km/h$ stabil auf dem Laufband zu bewegen. Wird die Geschwindigkeit langsamer eingestellt, kann die Dynamik der Bewegung das Kippen nicht mehr ausgleichen. Übersteigt die Geschwindigkeit die $3,5\ km/h$, so sind die Aktoren in der aktuellen Ausführung nicht mehr in der Lage, dem Bewegungsmuster zeitnah zu folgen und es überlagern sich Signale für Extension und Flexion. Die Aktoren sind somit zu schwach, um die Bewegungen bei höheren Geschwindigkeiten auszuführen und der Demonstrator gerät ins Stolpern. Innerhalb des ermittelten Geschwindigkeitsintervalls schaffte es der Demonstrator über längere Zeit (bis zum Abbruch des Versuchs nach mehreren Minuten), stabil und ohne zu Straucheln auf dem Laufband zu laufen. Aufnahmen der einzelnen Schrittsegmente sind in Abb. 4.14 dargestellt. Die Darstellung beginnt oben links beginnend mit dem Initial Contact (IC), also dem Heelstrike. Dabei setzt die Ferse des Beins auf dem Boden auf und beendet somit die Schwungphase des Beins und startet die Standphase. Dem Initial Contact folgt Loading Response (LR) also das Verlagern von Gewicht auf das Bein. Die Standphase geht weiter über die Mid Stance (MSt) und Terminal Stance (TSt) Positionen. Der Terminal Stance Position also dem Ende der Standphase folgt der Pre Swing (PSw), die Schwungvorbereitung. Hierbei lösen sich die Zehen vom Boden, auch Toe Off genannt (Abb. 4.14 untere Bilderreihe links). Vergleichbar zur Standphase durchläuft auch die Schwungphase eine Initial Swing (ISw), eine Mid Swing (MSw) und eine Terminal Swing (TSw) Position. Die Schwungphase endet mit dem Heelstrike, also der Initial Contact (IC) Position und die nächste Schrittbewegung kann folgen.

In Abb. 4.15 ist ein Vergleich von menschlichen (oben, Proband B bei $2\ km/h$) zu künstlich generierten Bewegungen (unten) anhand der sagittalen Winkel in der Hüfte zu sehen. Die Bewegungsgeschwindigkeit von Proband und Demonstrator entsprechen dabei jeweils $2\ km/h$. Für den Vergleich wurden gemittelte Bewegungsdaten aus dem Vergleich zwischen Prothesenträger und

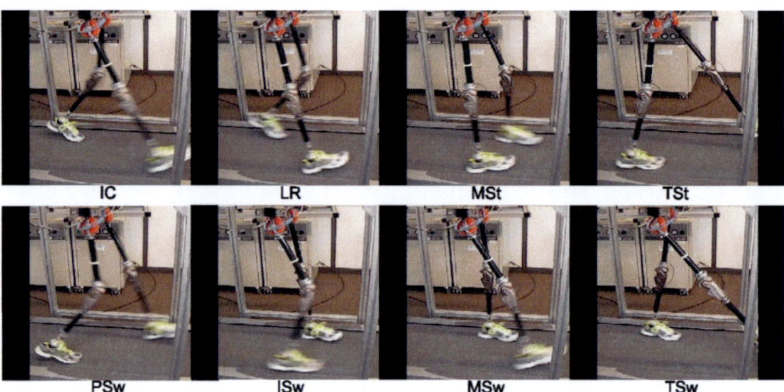

Abb. 4.14.: Gangphasen des rechten Beins (im Vordergrund) des Demonstrators im Experiment auf dem Laufband (IC = Initial Contact, LR = Loading Response, MSt = Mid Stance, TSt = Terminal Stance, PSw = Pre Swing, ISw = Initial Swing, MSw = Mid Swing, TSw = Terminal Swing) (modifiziert nach [118])

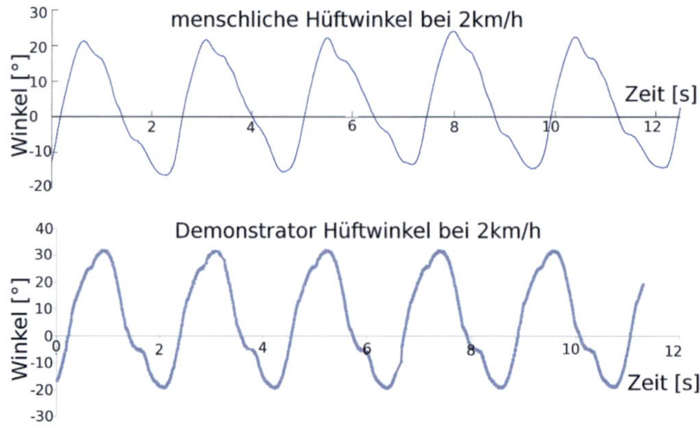

Abb. 4.15.: Vergleich von menschlichen Hüftgelenkwinkeln in der Sagittalebene und dem vom CPG erzeugten Gangmuster bei $2\ km/h$ [118]

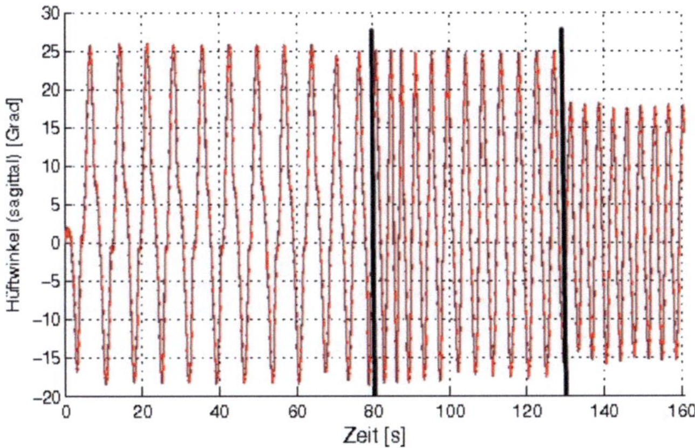

Abb. 4.16.: Zeitreihe eines Demonstratorgangs mit zwei Geschwindigkeitserhöhungen, nach 80 s und nach 130 s

nicht-amputiertem Proband (Datensätze IfSS-MoCap-NA und -A) herangezogen [16].

Neben der Fortbewegung mit konstanter Geschwindigkeit war auch zu untersuchen, ob das System Geschwindigkeitsänderungen aus der Bewegung heraus umsetzen kann, es also schafft, während der Schrittbewegung die Schrittfrequenz anzupassen (Bewertungskriterium 4). Die Anpassung der Geschwindigkeit erfolgte in unterschiedlich großen Sprüngen und es zeigte sich, dass die schrittweise Anpassung der Geschwindigkeit um $0,5 - 0,7 \ km/h$ ohne erkennbare Probleme vom System umgesetzt wurde. Beispielhaft ist in Abb. 4.16 eine Erhöhung der Beingeschwindigkeit von $0,8$ auf $2 \ km/h$ in zwei Etappen (bei Sekunde 80 und 130) dargestellt. Bemerkenswert ist hier vor allem, dass das System intern sowohl die Schrittfrequenz erhöht als auch die Amplitude der Beinbewegung verringert. Ein gutes Beispiel für die genaue Anpassung der Geschwindigkeit ist in Abb. 4.17 für ein weiteres Experiment dargestellt. Mit der Erhöhung der Geschwindigkeit von $0,8$ auf $1,4 \ km/h$ wird die Anzahl der Schritte und damit auch die Schrittfrequenz nahezu verdoppelt.

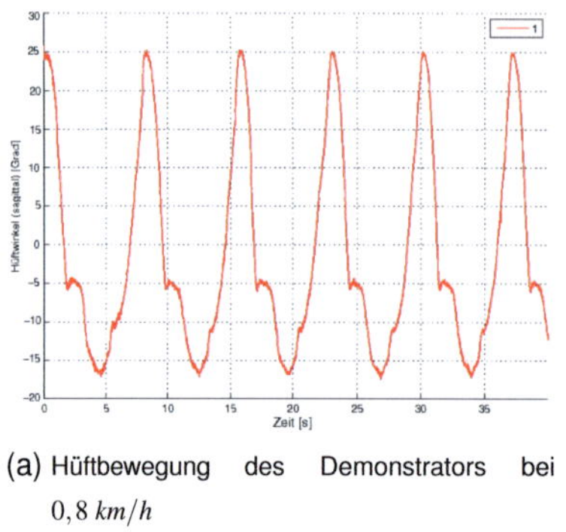

(a) Hüftbewegung des Demonstrators bei $0,8\ km/h$

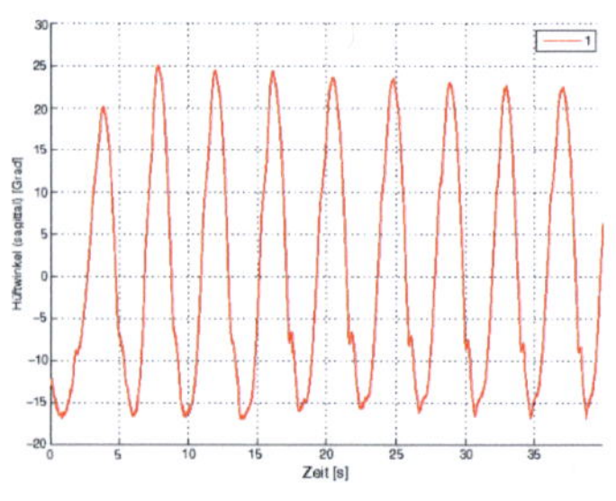

(b) Hüftbewegung des Demonstrators bei $1,4\ km/h$

Abb. 4.17.: Verschiedene Geschwindigkeiten des Demonstrators

In Abb. 4.18 wird das aufgrund der Zerlegung in Einzelschritte nochmals besonders deutlich. Die Einzelschritte wurden bzgl. der Ganggeschwindigkeit zerlegt. In rot werden alle Schritte bei einer Geschwindigkeit von $2,0\ km/h$ dargestellt, in grün die mit $1,4\ km/h$ und in blau die Schritte bei einer Geschwindigkeit von $0,8\ km/h$. Die Zerlegung erfolgte über eine eigens entwickelte Auswertungsroutine in der Matlab-Toolbox Gait-CAD. Dabei werden zuerst die lokalen Maxima der Zeitreihe ermittelt und anhand der ermittelten Punkte die Zeitreihe in einzelne Segmente zerlegt [144]. Abhängig von Schrittfrequenz, Geschwindigkeit und anderen Faktoren werden die Parameter der Gait-CAD-Funktion für den Einzugsbereich der lokalen Maxima gesetzt.

Im Vergleich dazu sind in Abb. 4.19 noch einmal die, in Einzelschritte zerlegten, Hüftbewegungen der Probanden A und B (Datensatz IfSS-MoCap-NA und -A) einander gegenübergestellt. Wie bereits in Abschnitt 4.1 erläutert, lässt sich die Verschiebung im Winkelbereich auf individuelle Haltungsanpassungen der Probanden zurückführen. Hauptsächliche Ursache dafür ist die fehlende Fußhebereigenschaft beim Prothesenträger (Proband A). Das führt zu einer gebeugten Haltung und einer entsprechend anders positionierten Hüfte, was wiederum den Winkelbereich für die Bewegungen beeinflusst.

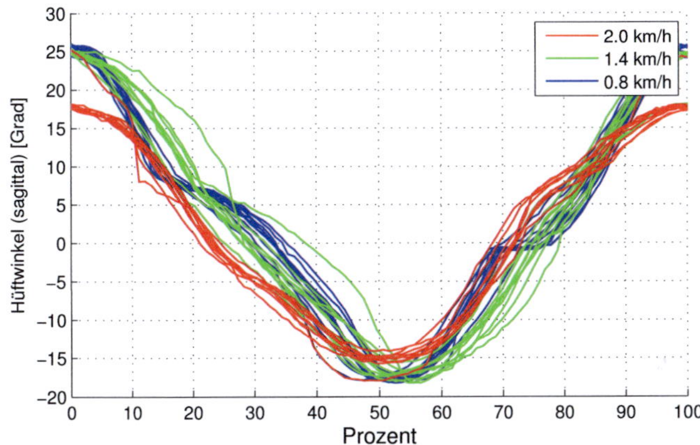

Abb. 4.18.: Nach Geschwindigkeiten klassifizierte Einzelschritte des Demonstrators in Prozent des Gangzyklus

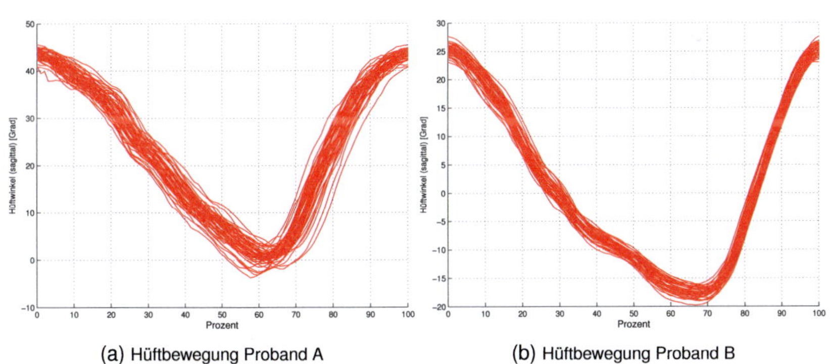

(a) Hüftbewegung Proband A

(b) Hüftbewegung Proband B

Abb. 4.19.: Hüftbewegung der Einzelschritte von Probanden A und B in Prozent des Gangzyklus bei $2\ km/h$

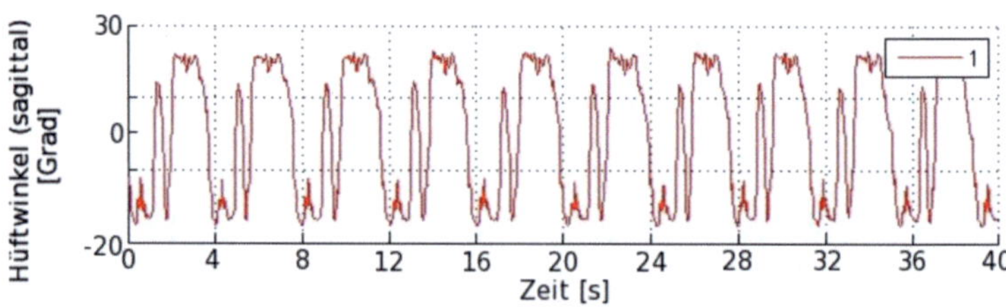

Abb. 4.20.: Verlauf des linken Hüftwinkels bei Stolpern bei einer Geschwindigkeitsdifferenz von $0,9\ km/h$

Wird die Geschwindigkeit jedoch in Sprüngen von mehr als $0,9\ km/h$ erhöht, wird das System instabil und strauchelt, da die laterale Neigung des Systems zu groß wird und vom nächsten Schritt nicht mehr ausgeglichen werden kann. Das äußert sich dadurch, dass das Bein nicht mehr nach vorne Schwingen kann, weil im aktuellen Demonstrator keine Freiheitsgrade und die entsprechenden Aktoren für Adduktion und Abduktion der Beine vorhanden sind. Durch solche Bewegungen wird beim menschlichen Gang das Heben der Hüfte auf der Seite des Schwungbeins bewerkstelligt. Das führt zu einer "Verkürzung" des Beines und verhindert ein Hängenbleiben oder Schleifen der Zehen am Boden. Da in der aktuellen Version des Demonstrators eine entsprechende Funktion noch nicht vorhanden ist, äußert sich die beschriebene Instabilität dadurch, dass die Zehen über das Laufband schleifen und das Bein nicht mehr frei nach vorne schwingt. Der Winkelverlauf in der Hüfte des linken Beins bei solch einem regelmäßigen Stolpern ist in Abb. 4.20 dargestellt. Erkennbar ist das Hängenbleiben durch die abgeflachten Plateaus an den lokalen Maxima. Eine möglicher Ansatz, um solch ein Stolpern zu erkennen, ist hier, dass die Plateaus bzw. sich nur minimal ändernde Winkel erkannt werden. Über die Integration eines Gyroskop-Sensors, welcher ergänzend zu den Winkeln auch noch die Lage des Systems im Raum zur Verfügung stellt, ist eine noch ausgereiftere und frühzeitigere Erkennung solcher Störungen möglich. Denkbar ist hier zusätzlich auch noch der Einsatz von Prädiktionsfiltern wie zum Beispiel einem Kalman-Filter, um die Leistungsfähigkeit der Erkennung zu erhöhen und evtl. bereits bei der Entstehung von Störungen kompensierend zu reagieren. Mögliche Reaktionen auf so eine frühzeitig erkannte Störung sind zum Beispiel entsprechende Ausweich- oder Torso-Bewegungen, um die Neigung der Hüfte zum Standbein hin zu unterstützen und so das Schwungbein zu entlasten. Außerdem können in solchen Situationen die Amplituden und/oder Offsets für die Luftdrücke in den Aktoren entsprechend angepasst werden.

Als drittes sollten die Selbststabilisierungseigenschaften des Systems untersucht werden, indem die Geschwindigkeit des Laufbandes nicht exakt auf die der Beine abgestimmt ist. Hierbei waren vor allem zwei Aspekte relevant. Zum Einen sollte ermittelt werden, bis zu welcher Geschwindigkeitsdifferenz der Demonstrator solche Unstimmigkeiten kompensieren kann. Zum Anderen ist es von Interesse festzustellen, ab welcher Geschwindigkeitsdifferenz Störungen in der Bewegungsabfolge auftreten.

Die Zeit, die dabei vergeht, bis die Geschwindigkeitsdifferenz zu einer Störung führt, ist dabei von besonderer Bedeutung. Der Zeitraum, der zwischen dem Auftreten der unterschiedlichen Geschwindigkeiten und der Störung liegt, kann dafür genutzt werden, um die Situation zu erkennen und entsprechende Reaktionen des Systems einzuleiten.

Die Unterschiede der Geschwindigkeiten von Beinen und Laufband reichten von $0,3$ bis $1,8$ km/h (positiv und negativ). Die Geschwindigkeitsdifferenz wurde in Intervallen von $0,3$ km/h verändert und das Verhalten der Beine jeweils in mehreren Versuchsreihen untersucht. Insgesamt wurden 24 Testreihen aufgenommen, bei denen die Geschwindigkeit des Laufbandes höher war als die der Beine, bei weiteren 10 Testreihen war die Laufbandgeschwindigkeit langsamer. Da sowohl Extension als auch Flexion der Beine aktiv von den pneumatischen Aktoren erzeugt werden, ist eine Aussage zur Energie, die vom Laufband über das Wegziehen nach hinten auf die Beine übertragen wird, nicht exakt zu treffen.

Die Versuchsreihen wurden immer für maximal 100 Schritte aufgezeichnet, wenn nicht zuvor schon eine Störung aufgetreten ist. Eine Selbstanpassung des Systems auf eine erhöhte Laufbandgeschwindigkeit erfolgte bis zu einer Geschwindigkeitsdifferenz von $1,8\ km/h$. Danach war die maximale Geschwindigkeit erreicht, mit welcher die Aktoren die Beine bewegen können. Bei einer Verlangsamung des Laufbandes gegenüber den Beinen traten hingegen deutliche Störungen, abhängig vom Betrag der Geschwindigkeitsdifferenz auf. Je geringer die Verlangsamung, desto länger konnten die Beine ein Stolpern hinauszögern. Bei einem $0,3\ km/h$ langsameren Laufband erfolgte ein erstes Stolpern nach 40 Schritten, bei stärkerer Verzögerung bereits nach 7-18 Schritten. Hier zeigte sich ein weiterer starker Vorteil der verwendeten Aktoren, welche durch die Kompressibilität der Luft eine Toleranz gegenüber solchen Störungen aufbringen. Durch solche Eigenschaften können sie wie ein Feder-Dämpfer-System wirken und ermöglichen, trotz fehlender Sensoren, eine Anpassungsfähigkeit des Systems.

Die Schritte bis zum ersten Stolpern bzw. die Zeitspanne bis dahin, ist also das Reaktionsfenster, in dem die veränderten Einflüsse auf das System erkannt und aktiv durch Anpassung der Parameter kompensiert werden müssen. Mangels sensorischer Ausstattung des Demonstrators war es im Rahmen der Arbeit jedoch leider nicht möglich, hier noch eingehendere Versuche zu machen. Es bleibt daher zukünftigen Arbeiten vorbehalten, hier Erweiterungen vorzunehmen. Nichtsdestotrotz wurde erstmalig in der Dissertation ein Prothesen-Roboter-Hybrid als Laufdemonstrator vorgestellt und die Ansteuerung der Aktoren erfolgreich über CPGs realisiert und getestet. Neben der reinen Ansteuerung zeigte das System aus Demonstrator und CPG auch, dass Störungen selbständig kompensiert und Geschwindigkeitsänderungen der Bewegungen im laufenden Betrieb ohne Probleme vorgenommen werden können.

4.3. Zusammenfassung

Das in Kapitel 3 vorgestellte System zur Generierung von zyklischen Aktivierungsmustern wurde in diesem Kapitel experimentell erprobt. Hierfür kam erstmalig ein Prothesen-Roboter-Hybrid zum Einsatz, dessen Beine nur in der Hüfte durch Fluidaktoren angetrieben sind und ansonsten aus handelsüblichen Prothesen (in Knie und Fuß) aufgebaut sind. Da es sich um einen ersten Prototypen handelt, wurde auf einen vollständigen humanoiden Torso verzichtet, dieser aber durch eine pneumatisch angetriebene, mehrsegmentige Wirbelsäule ersetzt. Diese Wirbelsäule wurde ebenfalls durch die Aktivierungsmuster des CPGs angesteuert.

In den Experimenten wurde gezeigt, dass der Demonstrator, in Kombination mit der Bewegungsgenerierung durch CPGs, in der Lage ist ein gleichmäßiges Gangmuster auszuführen. Zusätzlich dazu kann während der Bewegung eine Anpassung der Schrittfrequenz erfolgreich vorgenommen werden, ohne dass das zu Störungen der Bewegungen führt. Unterschiede zwischen den eingestellten Geschwindigkeiten in der Bewegungsgenerierung und am Laufband konnten durch das Gesamtsystem kompensiert werden.

5. Zusammenfassung

Die vorliegende Arbeit hatte zum Thema, neue Methoden zur Bewegungsgenerierung für Roboter zu untersuchen. Dabei sollten biologische Vorbilder die Basis bilden, an denen sich die untersuchten Konzepte orientieren. Neben Reflexen wurden auch zentrale neuronale Mustergeneratoren ausgewählt, da beide Verfahren für den Einsatz auf humanoiden Robotern naheliegen. Reflexe bilden eine sinnvolle Ergänzung im Sicherheitskonzept, da sie schnelle Reaktionen auf unvorhergesehene Störungen ermöglichen. Zentrale neuronale Mustergeneratoren (engl. Central Pattern Generators - CPGs) hingegen ermöglichen die Kapselung der Bewegungsgenerierung für Beinbewegungen. Sie sind zudem in der Lage, die Bewegungen zyklisch zu generieren und bieten vielfältige Möglichkeiten, die generierten Muster zur Laufzeit anzupassen. Die Anpassungen erfolgen dabei unabhängig davon, ob es sich um Vorgaben vom Benutzer oder höheren Ebenen der Roboterarchitektur oder um Reaktionen auf Veränderungen der äußeren Einflüsse handelt.

Ziel der Arbeit war also die Untersuchung, wie aus der Biologie bekannte Konzepte über neuronale Verschaltungen und Verhalten beim Menschen bzw. Säugetieren für die Robotik genutzt werden können.

Zum Erreichen des Ziels sind die folgenden Teilziele erforderlich:

- Auswahl geeigneter Verfahren, Methoden und Modelle für die Realisierung von Reflexen und CPGs,

- Erstellung des Gesamtkonzepts und der Teilkonzepte für Reflexe und deren Abhängigkeiten und CPGs,

- Integration der Teilbereiche in ein Gesamtsystem und das bestehende Überwachungskonzept,

- Simulation und experimentelle Erprobung.

In der Arbeit wurden Reflexe und CPGs untersucht und mit unterschiedlichen, für die jeweiligen Aufgaben am besten geeigneten, künstlichen Neuronen nachgebildet und implementiert.

Für die Reflexe wurde dafür in Kapitel 2 das Leaky-Integrate-and-Fire Neuronenmodell ausgewählt und zur Erstellung eines grundlegenden Reflexmoduls verwendet. Das neuartige Reflexmodul kann auf beliebige Aufgaben spezialisiert werden, da es durch dynamische Schwellwerte entsprechend spezialisiert werden kann. Aus mehreren der Reflexmodule wurde ein Reflexnetzwerk aufgebaut, das auch entsprechende Abhängigkeiten spezieller Reflexe berücksichtigen kann. Neben dem Stoßreflex wurden auch Greif- und Schlupfreflexe erfolgreich implementiert. Das entwickelte Reflexkonzept für die Ausnahmebehandlung wurde in eine, in einer früheren Dissertation [86] erstellte, Petri-Netz Architektur zur Systemüberwachung integriert und schließlich erfolgreich experimentell erprobt. Dabei wurden Reaktionszeiten von 50 bis 150 ms erreicht, was den Reaktionszeiten des Menschen entspricht.

Für die Untersuchungen der Bewegungsgenerierung anhand von CPGs in Kapitel 3 wurden zunächst menschliche Muskelaktivierungen anhand von EMG-Daten aufgezeichnet und untersucht. Zur entsprechenden Bewertung künstlicher Mustergeneratoren wurde ein neues Simulations- und Optimierungssystem entworfen, das künstlich generierte Bewegungsmuster mit vergleichbaren Mustern aus EMG-Daten vergleicht und bewertet. Zusätzlich dazu können mit dem System auch die Parameter des zu bewertenden Mustergenerators über Evolutionäre Algorithmen optimiert werden. Durch die Integration von IAIDataShare ist eine Optimierung sowohl auf einem einzelnen

Rechner, als auch auf einem heterogenen Rechnernetz verteilt, ohne zusätzlichen Aufwand möglich.

Die praktische Umsetzung des CPGs erfolgte mit dem Spike-Response-Neuronenmodell (SRM), da hierbei vor allem der praktische Einsatz auf einem Roboter und damit der geringe Rechenaufwand entscheidend waren. Mit dem SRM wurde ein Mustergenerator aufgebaut, der Aktivierungsmuster für Flexion und Extension erzeugt. Es wurde hier eine zweigeteilte Struktur gewählt, bei der Rhythmus, also Anregungsfrequenz, und Muster unabhängig voneinander generiert werden. Das ermöglicht eine getrennte Parameteroptimierung.

Neben ausführlichen Simulationen wurde der CPG schließlich auf einem zweibeinigen Laufdemonstrator zum Einsatz gebracht (Kapitel 4), der von der Fluidgruppe des Instituts für Angewandte Informatik des KIT entwickelt wurde [145]. Der Demonstrator integriert erstmalig auch Prothesen anstatt herkömmlicher Aktoren in Knie und Fußgelenk und reduziert damit Gewicht, Regelungsaufwand und Energieverbrauch. Durch die ausgeführten Experimente wurde gezeigt, dass die CPGs wie gefordert gleichmäßige Gangmuster erzeugten. Er ist zusätzlich in der Lage, die Muster auch während der Laufzeit, ohne Unterbrechung der Bewegung, zu adaptieren. In Kombination mit dem entsprechenden Design der Hardware, insbesondere den verwendeten pneumatischen Aktoren, ist auch eine Störungskompensation möglich. Dabei wird die Kompressibilität der Luft ausgenutzt.

Zusammengefasst lassen sich die wesentlichen Ergebnisse der Arbeit wie folgt darstellen:

1. Evaluierung und Bewertung unterschiedlicher Neuronenmodelle im Hinblick auf die Verwendbarkeit zur technischen Umsetzung biologisch inspirierter Steuerungs- und Regelungsmechanismen. Auswahlkriterien waren Rechenaufwand und Flexibilität.

2. Konzeption und Implementierung eines neuen Reflexsystems für den Einsatz auf humanoiden Robotern, das sich am biologischen Vorbild orientiert. Hierfür wurde das Leaky-Integrate-and-Fire (LIF) Neuronenmodell ausgewählt und ein Reflexnetzwerk mit mehreren, voneinander abhängigen, Reflexen aufgebaut.

3. Entwurf verschiedener Central Pattern Generators zur Nachbildung menschlicher Bewegungsgenerierung.

4. Aufbau eines neuen Systems zur Evaluation und automatisierten Optimierung von CPGs. Verwendet wurde der Evolutionäre Algorithmus GLEAM zusammen mit der Matlab-Toolbox Gait-CAD.

5. Untersuchungen zur Parameteroptimierung von Central Pattern Generators zur Nachbildung menschlicher Muskelaktivierungen mit diesem System, die zeigen, dass künstliche Muskelaktivierungen menschlichen EMG-Daten angeglichen werden können. Der Aufwand hierfür beträgt jedoch bis zu 10 Stunden Rechenzeit auf einem verteilten Rechnersystem.

6. Vergleichende Bewegungsanalyse zwischen Prothesenträgern und nicht amputierten Probanden mit der Matlab-Toolbox Gait-CAD.

7. Adaption der CPGs auf online-fähige Anwendungen auf eine zweibeinige Laufmaschine durch Verwendung des Spike-Response-Modells.

8. Implementierung eines neuen CPG-Systems zur Erzeugung von Aktivierungsmustern inklusive Geschwindigkeitsänderungen zur Laufzeit und Störungskompensation in Matlab.

9. Praktische Anwendung des erstellten CPGs zur Ansteuerung eines neuartigen, pneumatisch aktuierten zweibeinigen Laufdemonstrators der erstmals handelsübliche Prothesen-Knie und -Füße besitzt. Die Aktuierung erfolgt allein in der Hüfte.

10. Integration aller genannten Teilkomponenten in eine Petri-Netz-
    basierte Systemüberwachung und ein Diskret-Kontinuierliches-
    Regelungskonzept.

11. Evaluation der Teilkomponenten an verschiedenen Demonstrator-
    Plattformen.

12. Nachweis der Leistungsfähigkeit des entwickelten Konzepts. Die Re-
    aktionszeiten der Reflexe erreichen die des Menschen (50 bis 150 ms).
    Die Bewegungsgenerierung für einen unteraktuierten Laufdemonstra-
    tor inklusive Geschwindigkeitsänderungen aus der Bewegung heraus
    und die angestrebte Störungskompensation wurden erfolgreich nach-
    gewiesen.

Während der Simulation und der Integration der entwickelten Konzepte und
den ausgeführten Experimenten zeigten sich einige Bereiche, die eine genauere Untersuchung erfordern bzw. noch Raum für Erweiterungen des Systems bieten.

Durch die sehr kompakte Struktur der Reflexmodule ist auch eine Implementierung direkt auf lokalen Mikrocontrollern möglich, was die Kommunikations-
wege deutlich verkürzt und dadurch zu einer schnelleren Datenverarbeitung
und besseren Performance führt. Das entspricht in etwa dem gleichen Prinzip wie es bei menschlichen Reflexen der Fall ist, welche direkt über das
Rückenmark geleitet werden, ohne eine Verarbeitung im Gehirn zu benötigen. Eine Kommunikation mit höheren kognitiven Ebenen in der Roboterarchitektur ist daher nur noch notwendig, wenn aufgabenspezifische Anpassungen oder eine Modulation bzw. Verfeinerung der Reflexe vorgenommen
werden soll. Zudem bietet eine Kopplung zwischen den erstellten Reflexen
und Object-Action-Complex [81], also komplexeren Aufgaben, weiteres Ver-
besserungspotential.

Eine umfangreichere Ausstattung des Demonstrators mit Sensoren ist wünschenswert. Bodenkontakt- oder Kraft-Momenten-Sensoren in den Fußgelenken bzw. an den Füßen würden wichtige zusätzliche Informationen zum aktuellen Gangverhalten liefern und würden, in den CPG integriert, zu deutlichen Verbesserungen bei der Mustergenerierung führen. Hier wäre dann auch die Integration eines Kalman-Filters oder vergleichbarer Verfahren denkbar, die Veränderungen im Gangmuster durch wechselnde Untergründe erkennen und entsprechende Anpassungen der generierten Muster einleiten.

Eine entsprechende Ausstattung der Wirbelsäule z.B. mit einem Gyroskop als Lagesensor würde ebenfalls ein weites Spektrum an neuen Möglichkeiten bzgl. der Ganzkörperstabilisierung öffnen.

A. Abbildungsverzeichnis

B. Tabellenverzeichnis

Symbolverzeichnis

$\alpha(t - t_j^{(f)})$ postsynaptischer Strom

α_1 Gewichtung für Abstand zwischen Referenz und Simulation

α_2 Gewichtung für Amplitude des ersten Maximums

α_3 Gewichtung für Position des ersten Maximums

α_4 Gewichtung für Amplitude des zweiten Maximums

α_5 Gewichtung für Position des zweiten Maximums

α_{Ca} Umformungsrate zwischen Calcium- und Ca^{2+}-Konzentration

$\delta(t)$ Dirac Delta Impuls

ε_{ij} ε-Kernel (Reaktion auf eingehende Pulse)

η η-Kernel (Zurücksetzen des Neurons nach dem Feuern)

η_0 Gewichtung für η-Kernel

κ κ-Kernel (Berücksichtigung externer Einflüsse)

ω_{ij} Kantengewichtungsfaktor (positiv - anregend, negativ - hemmend)

τ_e Leaky Integrator - Zeitkonstante für Membranpotential

τ_m Zeitkonstante für Membranpotential

τ_r Erholungszeit, die das Neuron benötigt

τ_s synaptische Zeitkonstante für Membranpotential

τ_A Leitfähigkeit der Variable A

τ_m Zeitkonstante

τ_v Zeitkonstante des dynamischen Schwellwertes

ϑ_0 konstanter Schwellwert

$\vartheta_i(t)$ Schwellwertfunktion für dynamischen Schwellwert

a Startwert für Schwellwertberechnung

$A(t)$ Adaptionsvariable

A_{Ac} Petrinetzstelle *Active*

A_{Ca} Petrinetzstelle *Canceled*

A_{Fa} Petrinetzstelle *Failure*

A_{Re} Petrinetzstelle *Ready*

A_{rx} Petrinetzstelle *Reflex*

A_{St} Petrinetzstelle *Stopped*

A_{Su} Petrinetzstelle *Success*

AF Aktionsfolge

Ca Konzentration von Ca^{2+}

Cl^- Chlorid

CPG Central Pattern Generator

D_i Dauer des Bursts

DFG Deutsche Forschungsgemeinschaft

DGL Differentialgleichung

DLR Deutschen Zentrums für Luft- und Raumfahrt

E_{Ca} Umkehrpotential Calcium

E_K Umkehrpotential Kalium

E_L Umkehrpotential des Leckstroms

E_{Na} Umkehrpotential Natrium

$E_{syn,ij}$ Umkehrpotential

EA Elementaraktion

EO Elementaroperation

$F(u)$ Funktion des Membranpotentials

f_{Ca} Anteil von freiem Ca^{2+}

$g(t-t_j^{(f)})$ zeitlich veränderliche Leitfähigkeit

$g_{CaL,max}$ maximale Leitfähigkeit für L-Typ Calcium

$g_{CaN,max}$ maximale Leitfähigkeit N-Typ Calcium

$g_{K(Ca),max}$ maximale Leitfähigkeit für Calcium-abhängiges Kalium

$g_{K,max}$ maximale Leitfähigkeit Kalium

g_L maximale Leitfähigkeit des Leckstroms

$g_{Na,max}$ maximale Leitfähigkeit Natrium

$g_{NaP,max}$ maximale Leitfähigkeit persistentes Natrium

GUI Graphical User Interface

$h_{CaN}(t)$ Inaktivität N-Typ Calcium

$h_{NaP}(t)$ Inaktivität persistentes Natrium

$h_{Na}(t)$ Inaktivität Natrium

HHM Hodgkin-Huxley-Modell

$I(t)$ externer Strom

I_i Mittlere Frequenz des Spikes beim Burst

$I_{CaL}(t)$ Ionenstrom für L-Typ-Calcium-Kanäle

$I_{CaN}(t)$ Ionenstrom für N-Typ-Calcium-Kanäle

$I_{Ca}(t)$ Ionenstrom für Calcium-Kanäle

I_{ext} Externe Ströme

$I_{Ion,Burster}(t)$ Strom des Schrittmacher- bzw. Pacemaker-Neurons

$I_{Ion,Moto,Dend}(t)$ Strom in Dendriten

$I_{Ion,Moto,Soma}(t)$ Strom des Moto-Neurons

$I_i(t)$ synaptischer Strom

$I_{K(Ca)}(t)$ Calcium abhängiger Kalium-Ionenstrom

$I_K(t)$ Ionenstrom für Kalium-Kanäle

$I_L(t)$ Leckstrom

$I_{NaP}(t)$ persistenter Natrium-Ionenstrom

$I_{Na}(t)$ Ionenstrom für Natrium-Kanäle

IAI Institut für Angewandte Informatik

IC Initial Contact

$IfSS$ Institut für Sport und Sportwissenschaft

$IOSB$ Fraunhofer Institut für Optronik, Systemtechnik, Bildauswertung

ISw Initial Swing

k Abtastpunkt

K^+ Kalium

k_{Ca} Abklingrate für Ca^{2+}

KIT Karlsruher Institut für Technologie

LIF Leaky-Integrate-and-Fire

LR Loading Response

$m_{CaL}(t)$ Aktivierungsvariable für L-Typ Kalium

$m_{CaN}(t)$ Aktivierungsvariable für N-Typ Calcium

$m_{K(Ca)}(t)$ Aktivierungsvariable für Calcium-abhängiges Kalium

$m_K(t)$ Aktivierungsvariable für Kalium

$m_{NaP}(t)$ Aktivierungsvariable für persistentes Natrium

$m_{Na}(t)$ Aktivierungsvariable für Natrium

MCA Modular Controller Architecture

$MoCap$ Motion Capturing

MSt Mid Stance

MSw Mid Swing

NA Nichtamputiert

Na^+ Natrium

OAC Object-Action Complex

PF Pattern Formation - Musterbildung

PNS Peripheres Nervensystem

PSw Pre Swing

Q_{ges} Gütefunktion für Parameteroptimierung

$R_G(u)$ Widerstand abhängig von der Spannung

RG Rhythm Generation - Rhythmusgenerierung

S_A Skalierungsfaktor entsprechend der Frequenz

S_D Skalierungsfaktor für die Burst-Dauer

$SFB588$ Sonderforschungsbereich 588

SRM Spike-Response-Modell

t Zeit

$t_i^{(F)}$ Letzter Feuerzeitpunkt des postsynaptischen Neurons i

$t_j^{(f)}$ Feuerzeitpunkte des präsynaptischen Neurons j

$t_{1,n,R}$ Position des ersten Maximums der Referenz

$t_{1,n,S}$ Position des ersten Maximums der Simulation

$t_{2,n,R}$ Position des zweiten Maximums der Referenz

$t_{2,n,S}$ Position des zweiten Maximums der Simulation

$t_j^{(f)}$ Zeitpunkt der Aktivierung des präsynaptischen Neurons j

$T_{MB,i}$ Mittlere Zeitpunkt des Bursts

t_{silent} Ruhezeit/Refraktärzeit

TSt Terminal Stance

TSw Terminal Swing

$u(t)$ Membranpotential

$u_i(t)$ Membranpotential von Neuron i

$u_f(t)$ Aktivierungssignal

u_{rest} Ruhepotential

u_r Resetpotential

u_{spike} Aktionspotential

$v(t)$ Schwellwert

v_0 Nullpunkt des Schwellwertes

w_{ij} Gewichtung der synaptischen Ströme

$x_{1,n,R}$ Amplitude des ersten Maximums der Referenz

$x_{1,n,S}$ Amplitude des ersten Maximums der Simulation

$x_{2,n,R}$ Amplitude des zweiten Maximums der Referenz

$x_{2,n,S}$ Amplitude des zweiten Maximums der Simulation

$x_{n,R}[t]$ Werte der Referenz

$x_{n,S}[t]$ Werte der Simulation

$Y(k)$ per Gauß-Filter gefiltertes Signal

ZNS Zentrales Nervensystem

C. Literaturverzeichnis

[1] *Finanzierungsanträge des SFB 588 - Lernende und kooperierende multimodale Roboter.* 2008-2012.

[2] ABBOTT, L. F.; KEPLER, T. B.: Model Neurons: From Hodgkin-Huxley to Hopfield. In: *Statistical Mechanics of Neural Networks*, Bd. 368 von *Springer*, S. 5–18, 1990.

[3] ALBERT, A.; GERTH, W.: Bewegungsalgorithmen für zweibeinige Roboter ohne Oberkörper. *at – Automatisierungstechnik* 51 (2003) 1, S. 13–21.

[4] ALBU-SCHÄFFER, A.; HADDADIN, S.; OTT, C.; STEMMER, A.; WIMBÖCK, T.; HIRZINGER, G.: The DLR Lightweight Robot: Design and Control Concepts for Robots in Human Environments. *Industrial Robot: An International Journal* 34 (2007) 5, S. 376–385.

[5] AOI, S.; TSUCHIYA, K.: Locomotion Control of a Biped Robot using Nonlinear Oscillators. *Autonomous Robots* 19(3) (2005), S. 219–232.

[6] ASFOUR, T.: *Sensomotorische Bewegungskoordination zur Handlungsausführung eines humanoiden Roboters.* Dissertation, Universität Karlsruhe (TH), 2003.

[7] ASFOUR, T.; AZAD, P.; VAHRENKAMP, N.; REGENSTEIN, K.; BIERBAUM, A.; WELKE, K.; SCHRÖDER, J.; DILLMANN, R.: Toward Humanoid Manipulation in Human-centred Environments. *Robotics and Autonomous Systems* 56 (2008) 1, S. 54–65.

[8] ASFOUR, T.; LY, D.; REGENSTEIN, K.; DILLMANN, R.: A Modular and Distributed Embedded Control Architecture for Humanoid Robots. In: *Intelligent Robots and Systems (IROS 2004)*, 2004.

[9] ASFOUR, T.; REGENSTEIN, K.; AZAD, P.; SCHRÖDER, J.; DILLMANN, R.: ARMAR-III: A Humanoid Platform for Perception-Action Integration. In: *Proc., International Workshop on Human-Centered Robotic Systems (HCRS), Munich*, S. 51–56, 2006.

[10] AZOUZ, R.; GRAY, C. M.: Dynamic Spike Threshold reveals a Mechanism for Synaptic Coincidence Detection in Cortical Neurons in vivo. In: *Proc., National Academy of Sciences of the United States of America*, Bd. 97 (14), S. 8110–8115, 2000.

[11] BÄCHLIN, M.; BEYERER, J.; KUNTZE, H.-B.; MILIGHETTI, G.: Vorrichtung zum Schlupf-überwachten, kraftschlüssigen Ergreifen, Halten und Manipulieren eines Objektes mittels einer Greiferanordnung. *German Patent* Referenznummer: 10 2005 032 502.5, 12.07.2005.

[12] BAE, T.; CHOI, K.; HONG, D.; MUN, M.: Dynamic analysis of above-knee amputee gait. *Clinical Biomechanics* 22 (2007) 5, S. 557–566.

[13] BARTER, J.: *Estimation of the Mass of Body Segments*. Wright Air Development Center, Air Research and Development Command, 1957.

[14] BÄTZ, G.: *Modelladaptive Regelungskonzepte zur Optimierung der Armregelung von humanoiden Robotern*. Diplomarbeit, Universität Karlsruhe (TH), 2007.

[15] BAUER, C.; BRAUN, S.; CHEN, Y.; JAKOB, W.; MIKUT, R.: Optimization of Artificial Central Pattern Generators with Evolutionary Algorithms. In: *Proc., 18. Workshop Computational Intelligence*, S. 40–54, 2008.

[16] BAUER, C.; ENGELMANN, M.; GAISER, I.; MIKUT, R.; SCHULZ, S.; FISCHER, A.; STEIN, T.: Hardware Design and Mathematical Modeling

for an Artificial Pneumatic Spine for a Biped Humanoid Robot. In: *Robotics; Proceedings of ROBOTIK 2012; 7th German Conference on*, S. 1–5, VDE, 2012.

[17] BAUER, C.; MIKUT, R.; BRETTHAUER, G.: Movement Generation and Safety Strategies for Humanoid Robots - Acceptance Issues from an Engineers Point of View. In: *Autonomous Systems: Inter-relations of Technical and Societal issues*, 2009.

[18] BAUER, C.; MILIGHETTI, G.; YAN, W.; MIKUT, R.: Human-like Reflexes for Robotic Manipulation using Leaky Integrate-and-Fire Neurons. In: *Proc., IEEE/RSJ International Conference on Intelligent Robots and Systems (IROS2010)*, S. 2572–2577, 2010.

[19] BAUER, C.; MORS, M.; FISCHER, A.; STEIN, T.; MIKUT, R.; SCHULZ, S.: Konzept für einen biologisch inspirierten, semi-passiven pneumatisch angetriebenen zweibeinigen Prothesen-Roboter-Hybrid. *at-Automatisierungstechnik* 60 (2012) 11, S. 662–672.

[20] BENDA, J.; MALER, L.; LONGTIN, A.: How to Model Spike-Frequency Adaptation in Integrate-and-Fire Neuron. In: *Bernstein Symposium*, 2008.

[21] BLUME, C.: GLEAM - A System for Simulated 'Intuitive Learning'. In: *Proc. PPSN I*, Nr. 496 in LNCS, S. 48–54, Springer, 1990.

[22] BLUME, C.: GLEAM - Ein EA für Prozessabläufe am Beispiel von Steuerungen für Industrieroboter. In: *Proc., 16. Workshop Computational Intelligence*, S. 11–24, Universitätsverlag Karlsruhe, 2006.

[23] BLUME, C.; JAKOB, W.: GLEAM - an Evolutionary Algorithm for Planning and Control Based on Evolution Strategy. In: *Proc., GECCO*, Bd. Late-Breaking Papers, S. 31–38, L. Livermore National Laboratory, 2002.

[24] BOOTH, V.; RINZEL, J.; KIEHN, O.: Compartmental Model of Vertebrate Motoneurons for Ca+2-Dependent Spiking and Plateau Potentials under Pharmacological Treatment. *Journal of Neurophysiology* 78 (1997), S. 3371 – 3385.

[25] BRAUN, S.: *Softwareentwurf und Teilimplementierung einer Toolbox GLEAMKIT unter MATLAB*. Projektarbeit, Berufsakademie Karlsruhe, Forschungszentrum Karlsruhe, 2007.

[26] BRAUN, S.: *Entwicklung einer Plattform für Evolutionäre Algorithmen mit verteilter Simulation am Beispiel der Parameteroptimierung von zentralen Mustergeneratoren für Roboterbewegungen*. Diplomarbeit, Berufsakademie Karlsruhe, 2008.

[27] BRETTE, R.; GERSTNER, W.: Adaptive Exponential Integrate-and-Fire Model as an Effective Description of Neuronal Activity. *Journal Neurophysiology* 94 (5) (2005), S. 3637–3642.

[28] BROUWER, J.: Das FitzHugh-Nagumo Model einer Nervenzelle. Universität Hamburg, 2007.

[29] BROWN, T.: The Intrinsic Factors in the Act of Progression in the Mammal. *Proceedings of the Royal Society: London* 84 (1911), S. 308–319.

[30] BROWN, T.: The Factors in Rhythmic Activity of the Nervous System. *Proceedings of the Royal Society: London* 85 (1912), S. 278–289.

[31] BURGHART, C.; MIKUT, R.; ASFOUR, T.; SCHMID, A.; KRAFT, F.; SCHREMPF, O.; HOLZAPFEL, H.; SWERDLOW, A.; STIEFELHAGEN, R.; BRETTHAUER, G.; DILLMANN, R.: Kognitive Architekturen für humanoide Roboter: Anforderungen, Überblick und Vergleich. In: *Proc., 17. Workshop Computational Intelligence*, S. 57–73, Universitätsverlag Karlsruhe, 2007.

[32] BURGHART, C.; MIKUT, R.; STIEFELHAGEN, R.; ASFOUR, T.; HOLZAP-
FEL, H.; STEINHAUS, P.; DILLMANN, R.: A Cognitive Architecture for a
Humanoid Robot: A First Approach. In: *Proc., IEEE-RAS Conference
on Humanoid Robots, Tsukuba, Japan*, S. 357–362, 2005.

[33] BURMEISTER, O.; REISCHL, M.; MIKUT, R.: Manual for IAIDataShare-
Client. Techn. Ber., Institute for Applied Computer Science, 2008.

[34] BURMEISTER, O.; REISCHL, M.; MIKUT, R.: Manual for IAIDataShare-
Server. Techn. Ber., Institute for Applied Computer Science, 2008.

[35] BUSCHMANN, T.; LOHMEIER, S.; ULBRICH, H.: Entwurf und Regelung des Humanoiden Laufroboters Lola. *at-Automatisierungstechnik*
58 (2010) 11, S. 613–621.

[36] CHACRON, M. J.; PAKDAMAN, K.; LONGTIN, A.: Interspike Interval
Correlations, Memory, Adaptation, and Refractoriness in a Leaky
Integrate-and-Fire Model with Threshold Fatigue. *Neural Computation*
15 (2) (2003), S. 253–278.

[37] CHEN, Y.: *A Concept for the Application of Neural Oscillators and Spinal Reflexes to Humanoid Robots and Neuroprostheses*. Master the-
sis, Universität Karlsruhe (TH), Institut für Regelungs- und Steuerungs-
technik, Forschungszentrum Karlsruhe GmbH, 2008.

[38] CHEN, Y.; BAUER, C.; BURMEISTER, O.; RUPP, R.; MIKUT, R.: First
Steps to Future Applications of Spinal Neural Circuit Models in Neuroprostheses and Humanoid Robots. In: *Proc., 17. Workshop Computational Intelligence*, S. 186–199, 2007.

[39] COLLINS, S.; RUINA, A.; TEDRAKE, R.; WISSE, M.: Efficient Bipedal
Robots based on Passive-dynamic Walkers. *Science* 307 (2005) 5712,
S. 1082.

[40] COLOBERT, B.; CRÉTUAL, A.; ALLARD, P.; DELAMARCHE, P.: Force-plate Based Computation of Ankle and Hip Strategies from Double-inverted Pendulum Model. *Clinical Biomechanics (Bristol, Avon)* 21 (2006) 4, S. 427.

[41] COUSINS, S.: ROS on the PR2 [ROS Topics]. *Robotics & Automation Magazine, IEEE* 17 (2010) 3, S. 23–25.

[42] CRESPI, A.; LACHAT, D.; PASQUIER, A.; IJSPEERT, A. J.: Controlling swimming and crawling in a fish robot using a central pattern generator. *Autonomous Robots* 25 (2008) 1-2, S. 3–13.

[43] DAVIS, R.; OUNPUU, S.; TYBURSKI, D.; GAGE, J.: A Gait Analysis Data Collection and Reduction Technique. *Human Movement Science* 10 (1991) 5, S. 575–587.

[44] DELP, S.; ANDERSON, F.; ARNOLD, A.; LOAN, P.; HABIB, A.; JOHN, C.; GUENDELMAN, E.; THELEN, D.: OpenSim: Open-Source Software to Create and Analyze Dynamic Simulations of Movement. *IEEE Transactions on Biomedical Engineering* 54(11) (2007), S. 1940–1950.

[45] DIAB EL HARAKE, B.: *Umsetzung einer Petri-Netz basierten Systemüberwachung unter Berücksichtigung biologisch inspirierter Steuerungs- und Regelungsverfahren für humanoide Roboter.* Diplomarbeit, Karlsruher Institut für Technologie (KIT), 2011.

[46] DIETZ, V.; HARKEMA, S. J.: Locomotor Activity in Spinal Cord-Injured Persons. *Application Physiology* 96 (2004), S. 1954–1960.

[47] DIETZ, V.; ZIJLSTRA, W.; DUYSENS, J.: Human Neuronal Interlimb Coordination during Split-Belt Locomotion. *Experimental Brain Research* 101 (1994), S. 513–20.

[48] DUYSENS, J.; VAN DE CROMMERT, H.: Neural Control of Locomotion; Part 1: The Central Pattern Generator from Cats to Humans. *Gait & Posture* 7(2) (1998), S. 131–141.

[49] DUYSENS, J.; TAX, A.; MURRER, L.; DIETZ, V.: Backward and Forward Walking Use Different Patterns of Phase-Dependent Modulation of Cutaneous Reflexes in Humans. *Journal of Neurophysiology* 76 (1996) 1, S. 301–310.

[50] ENGELMANN, M.: *Modellierung und Regelung einer künstlichen pneumatischen Wirbelsäule*. Diplomarbeit, Karlsruher Institut für Technologie (KIT), 2012.

[51] FALLER, A.: *Der Körper des Menschen: Einführung in Bau und Funktion*. Stuttgart, New York: Thieme, 1995, 1995.

[52] FENG, J.: Is the Integrate-and-Fire Model good enough?–A Review. *Neural Networks* 14 (6-7) (2001), S. 955 – 975.

[53] FITZHUGH, R.: Impulses and Physiological States in Theoretical Models of Nerve Membrane. *Biophysical Journal* 1 (6) (1961), S. 445–466.

[54] FOLGHERAITER, M.; GINI, G.: Human-like Reflex Control for an Artificial Hand. *BioSystems* 76 (2004), S. 65–74.

[55] FÖLLINGER, O.: *Nichtlineare Regelungen*. München: Oldenbourg, 1993.

[56] GAISER, I.; SCHULZ, S.; BREITWIESER, H.; BRETTHAUER, G.: Enhanced Flexible Fluidic Actuators for Biologically Inspired Lightweight Robots with Inherent Compliance. In: *Proc., IEEE International Conference on Robotics and Biomimetics (ROBIO)*, Tianjin, China, 2010.

[57] GENG, Y. L.; YANG, P.; CHEN, L. L.: Study of the Control of Active Transfemoral Prosthesis Based on CPG. *Advanced Materials Research* 468 (2012), S. 1710–1713.

[58] GERSTNER, W.; KISTLER, W.: *Spiking Neuron Models - Single Neurons, Populations, Plasticity.* Cambridge University Press, 2002.

[59] GOLDSCHMIDT, D.; HESSE, F.; WORGOTTER, F.; MANOONPONG, P.: Biologically inspired reactive climbing behavior of hexapod robots. In: *Intelligent Robots and Systems (IROS), 2012 IEEE/RSJ International Conference on,* S. 4632–4637, IEEE, 2012.

[60] GRAY, H.: *Anatomy of the human body.* Lea & Febiger, 1918.

[61] HERALIC, A.; WOLFF, K.; WAHDE, M.: Central Pattern Generators for Gait Generation in Bipedal Robots. In: *Humanoid Robots, New Developments* (DE PINA FILHO, A. C., Hg.), S. 285–304, I-Tech, Vienna, Austria, 2007.

[62] HIEBL, B.; BOG, S.; MIKUT, R.; BAUER, C.; GEMEINHARDT, O.; JUNG, F.; KR
ÜGER, T.: In vivo Assessment of Tissue Compatibility and Functionality of a Polyimide Cuff Electrode for Recording Afferent Peripheral Nerve Signals. *Applied Cardiopulmonary Pathophysiology* 14 (2010), S. 212–219.

[63] HINES, M.: NEURON - A Program for Simulation of Nerve Equations. 1993.

[64] HIROSE, M.; OGAWA, K.: Honda Humanoid Robots Development. *Philosophical Transactions of the Royal Society A: Mathematical, Physical and Engineering Sciences* 365 (2007) 1850, S. 11.

[65] HODGKIN, A.; HUXLEY, A.: A Quantitative Description of Membrane Current and its Application to Conduction and Excitation in Nerve. *The Journal of Physiology* 117(4) (1952), S. 500–544.

[66] HOVY, L.: *Verwendung eines invertierten Doppelpendels als Ansatz zur Regelung des mit flexiblen Fluidaktoren angetriebenen Torsos ei-*

nes Humanoiden Roboters. Diplomarbeit, Universität Karlsruhe (TH), 2010.

[67] IJSPEERT, A.: Central Pattern Generators for Locomotion Control in Animals and Robots: A Review. *Neural Networks* 21 (2008) 4, S. 642–653.

[68] IZHIKEVICH, E.: Which Model to Use for Cortical Spiking Neurons? *IEEE Transactions on Neural Networks* 15 (2004) 5, S. 1063–1070.

[69] JAKOB, W.: Auf dem Weg zum industrietauglichen Evolutionären Algorithmus. In: *Proc., 15. Workshop Computational Intelligence*, S. 212–226, Universitätsverlag Karlsruhe, 2005.

[70] JASNI, F.; SHAFIE, A. A.: Van Der Pol Central Pattern Generator (VDP-CPG) Model for Quadruped Robot. In: *Trends in Intelligent Robotics, Automation, and Manufacturing*, S. 167–175, Springer, 2012.

[71] JOLIVET, R.: *Effective Minimal Threshold Models of Neuronal Activity.* Dissertation, Université de Lausanne, 2005.

[72] KADABA, M.; RAMAKRISHNAN, H.; WOOTTEN, M.: Measurement of Lower Extremity Kinematics during Walking. *Journal of Orthopaedic Research* 8 (1990), S. 383–392.

[73] KADABA, M.; RAMAKRISHNAN, H.; WOOTTEN, M.; GAINEY, J.; GORTON, G.; COCHRAN, G.: Repeatability of kinematic, kinetic and electromyographic data in normal adult gait. *J Orthop Res* 7 (1990), S. 849–860.

[74] KANEKO, K.; KANEHIRO, F.; MORISAWA, M.; MIURA, K.; NAKAOKA, S.; KAJITA, S.: Cybernetic Human HRP-4C. In: *Proc., IEEE-RAS International Conference on Humanoid Robots (Humanoids)*, S. 7–14, IEEE, 2010.

[75] KARGOV, A.; BREITWIESER, H.; KLOSEK, H.; PYLATIUK, C.; SCHULZ, S.; BRETTHAUER, G.: Design of a Modular Arm Robot System based on Flexible Fluidic Drive Elements. In: *Proceedings of the 2007 IEEE 10th International Conference on Rehabilitation Robotics*, S. 269–273, Noordwijk, Netherlands, 2007.

[76] KAWAMURA, K.; PACK, R.; BISHAY, M.; ISKAROUS, M.: Design philosophy for service robots. *Robotics and Autonomous Systems* 18 (1996) 1-2, S. 109–116.

[77] KAWASAKI, H.; MOURI, T.; TAKAI, J.; ITO, S.: Grasping of Unknown Object imitating Human Grasping Reflex. In: *Proc., 15th IFAC World Congress on Automatic Control*, Elsevier Science, 2002.

[78] KISTLER, W. M.; GERSTNER, W.; VAN HEMMEN, J. L.: Reduction of the Hodgkin-Huxley Equations to a Single-Variable Threshold Model. *Neural Computation* 9 (5) (1997), S. 1015–1045.

[79] KLAASSEN, B.; LINNEMANN, R.; SPENNEBERG, D.; KIRCHNER, F.: Biomimetic walking robot SCORPION: Control and modeling. *Robotics and autonomous systems* 41 (2002) 2, S. 69–76.

[80] KLEIN, T. J.: *A Neurorobotic Model of Humanoid Walking.* Dissertation, University of Arizona, 2012.

[81] KRÜGER, N.; GEIB, C.; PIATER, J.; PETRICK, R.; STEEDMAN, M.; WÖRGÖTTER, F.; UDE, A.; ASFOUR, T.; KRAFT, D.; OMRČEN, D.; ET AL.: Object–Action Complexes: Grounded abstractions of sensory–motor processes. *Robotics and Autonomous Systems* 59 (2011) 10, S. 740–757.

[82] KUNTZE, H.-B.; GIESEN, K.; MILIGHETTI, G.; FREY, CH. W. UND DEUTSCHER, R.: Multisensorielle Überwachung und Regelung humanoider Roboter. *atp - Automatisierungstechnische Praxis* 46(12) (2004), S. 60–68.

[83] KUSUDA, Y.: Toyota's violin-playing robot. *Industrial Robot: An International Journal* 35 (2008) 6, S. 504–506.

[84] LANDELS, J. G.; MAUEL, K.: *Die Technik in der antiken Welt.* Beck, 1989.

[85] LANGE, W.: *Ergonomische Datensammlung.* Bundesanstalt für Arbeitsschutz und Arbeitsmedizin, Verlag TÜV Rheinland, 1998.

[86] LEHMANN, A.: *Neues Konzept zur Planung, Ausführung und Überwachung von Roboteraufgaben mit hierarchischen Petri-Netzen.* Dissertation, Universität Karlsruhe, Universitätsverlag Karlsruhe, 2008.

[87] LEHMANN, A.; MIKUT, R.; ASFOUR, T.: Petri-Netze zur Aufgabenüberwachung in humanoiden Robotern. In: *Proc., 15. Workshop Computational Intelligence*, S. 157–171, Universitätsverlag Karlsruhe, 2005.

[88] LEHMANN, A.; MIKUT, R.; ASFOUR, T.: Petri Nets for Task Supervision in Humanoid Robots. In: *Proc., 37th International Symposium on Robotics (ISR 2006), München*, S. 71–73, 2006.

[89] LIU, C.; CHEN, Q.; WANG, G.: Adaptive walking control of quadruped robots based on central pattern generator (CPG) and reflex. *Journal of Control Theory and Applications* 11 (2013) 3, S. 386–392.

[90] LIU, G.; HABIB, M.; WATANABE, K.; IZUMI, K.: Central Pattern Generators Based on Matsuoka Oscillators for the Locomotion of Biped Robots. *Artificial Life and Robotics* 12 (2008) 1, S. 264–269.

[91] LOHMEIER, S.; BUSCHMANN, T.; ULBRICH, H.: System Design and Control of Anthropomorphic Walking Robot LOLA. *IEEE/ASME Transactions on Mechatronics* 14 (2009) 6, S. 658–666.

[92] LOOSE, T.: *Konzept für eine modellgestützte Diagnostik mittels Data Mining am Beispiel der Bewegungsanalyse.* Dissertation, Universität Karlsruhe, Universitätsverlag Karlsruhe, 2004.

[93] LU, Z.; MA, S.; LI, B.; WANG, Y.: Serpentine Locomotion of a Snake-Like Robot Controlled by Cyclic Inhibitory CPG Model. In: *2005 IEEE/RSJ International Conference on Intelligent Robots and Systems, 2005.(IROS 2005)*, S. 96–101, 2005.

[94] MAASS, W.: Networks of Spiking Neurons: the Third Generation of Neural Network Models. *Neural Networks* 10 (1997) 9, S. 1659–1671.

[95] MAASS, W.; BISHOP, C.: *Pulsed Neural Networks.* The MIT Press, 2001.

[96] MANOONPONG, P.; GENG, T.; PORR, B.; WOERGOETTER, F.: The Run-Bot Architecture for Adaptive, Fast, Dynamic Walking. In: *Proc., IEEE International Symposium on Circuits and Systems (ISCAS)*, S. 1181–1184, 2007.

[97] MANOONPONG, P.; GENG, T.; WÖRGÖTTER, F.: Exploring the Dynamic Walking Range of the Biped Robot RunBot with an Active Upper-body Component. In: *Proc., IEEE-RAS International Conference on Humanoid Robots*, S. 418–424, 2006.

[98] MARTIN, J.; BECK, S.; LEHMANN, A.; MIKUT, R.; PYLATIUK, C.; SCHULZ, S.; BRETTHAUER, G.: Sensors, Identification and Low Level Control of a Flexible Anthropomorphic Robot Hand. *International Journal of Humanoid Robotics* 1(3) (2004), S. 517–532.

[99] MARTINEZ-VILLALPANDO, E.; HERR, H.: Agonist-antagonist Active Knee Prosthesis: A Preliminary Study in Level-Ground Walking. *J Rehabil Res Dev* 46 (2009) 3, S. 361–73.

[100] MASSAAD, M.: *Untersuchungen zu Schwingungsverhalten und Stabilität von Central Pattern Generators in Abhängigkeit zu den verwendeten Neuronentypen*. Diplomarbeit, Karlsruher Institut für Technologie (KIT), 2010.

[101] MATSUOKA, K.: Sustained Oscillations Generated by Mutually Inhibiting Neurons with Adaptation. *Biological Cybernetics* 52 (1985), S. 367–376.

[102] MATSUOKA, K.: Mechanisms of Frequency and Pattern Control in the Neural Rhythm Generators. *Biological Cybernetics* 56 (1987), S. 345–353.

[103] MIKUT, R.: *Modellgestützte on-line Stabilitätsüberwachung komplexer Systeme auf der Basis unscharfer Ljapunov-Funktionen*. Dissertation, Universität Karlsruhe, VDI-Verlag, Düsseldorf, 1999.

[104] MIKUT, R.; BURMEISTER, O.; BRAUN, S.; REISCHL, M.: The Open Source Matlab Toolbox Gait-CAD and its Application to Bioelectric Signal Processing. In: *Proc., DGBMT-Workshop Biosignalverarbeitung, Potsdam*, S. 109–111, 2008.

[105] MIKUT, R.; LOOSE, T.; BURMEISTER, O.; BRAUN, S.; REISCHL, M.: The Matlab Toolbox Gait-CAD - Manual. Techn. Ber., Forschungszentrum Karlsruhe GmbH, 2009.

[106] MIKUT, R.; PETER, N.; MALBERG, H.; JÄKEL, J.; GRÖLL, L.; BRETTHAUER, G.; ABEL, R.; DÖDERLEIN, L.; RUPP, R.; SCHABLOWSKI, M.; GERNER, H.: *Diagnoseunterstützung für die instrumentelle Ganganalyse (Projekt GANDI)*. Forschungszentrum Karlsruhe (FZKA 6613), 2001.

[107] MILIGHETTI, G.: Über ein diskret-kontinuierliches auf Aktionsprimitiven basierendes Regelungskonzept für humanoide Roboter. In: *Proc., 37. Sitzung GMA-FA 4.13, Frankfurt am Main*, 2005.

[108] MILIGHETTI, G.: Diskret-kontinuierliche Regelung und Überwachung von humanoiden Robotern basierend auf Aktionsprimitiven und Petri-Netzen. In: *Automatisierungstechnisches Kolloquium, Bochum*, 2007.

[109] MILIGHETTI, G.: *Multisensorielle diskret-kontinuierliche Überwachung und Regelung humanoider Roboter.* Dissertation, Karlsruher Institut für Technologie - KIT, 2010.

[110] MILIGHETTI, G.; BAUER, C.; MIKUT, R.; KUNTZE, H.-B.: Flexible diskret-kontinuierliche Überwachung und Regelung humanoider Serviceroboter. *at-Automatisierungstechnik* 61 (2013) 1, S. 16–26.

[111] MILIGHETTI, G.; KUNTZE, H.: Fuzzy Based Decision Making for the Discrete-Continuous Control of Humanoid Robots. In: *Proc., IROS 2007, San Diego, California*, 2007.

[112] MILIGHETTI, G.; KUNTZE, H.: On the Robot Based Surface Finishing of Moving Unknown Parts by Means of a New Slip and Force Control Concept. In: *Proc., ICRA 2007, Rome, Italy*, 2007.

[113] MILIGHETTI, G.; KUNTZE, H.-B.: On the Discrete-Continuous Control of Basic Skills for Humanoid Robots. In: *Proc., IEEE/RSJ International Conference on Intelligent Robots and System (IROS), Beijing, China*, 2006.

[114] MIURA, N.; IKEMOTO, Y.; GONZALEZ, J.; INOUE, J.; YU, W.: Analyzing Compensation Strategy in Impaired Walking Using a Humanoid Robot. *Transaction on Control and Mechanical Systems* 1 (2012) 1.

[115] MIZUUCHI, I.; NAKANISHI, Y.; SODEYAMA, Y.; NAMIKI, Y.; NISHINO, T.; MURAMATSU, N.; URATA, J.; HONGO, K.; YOSHIKAI, T.; INABA, M.: An Advanced Musculoskeletal Humanoid Kojiro. In: *Proc., IEEE-RAS International Conference on Humanoid Robots*, S. 294–299, 2007.

[116] MOMBAUR, K.; SCHEINT, M.; SOBOTKA, M.: Optimal Control and Design of Bipedal Robots with Compliance. *at-Automatisierungstechnik* 57 (2009) 7, S. 349–359.

[117] MORI, T.; NAKAMURA, Y.; SATO, M.; ISHII, S.: Reinforcement Learning for CPG-Driven Biped Robot. In: *Proc., National Conference on Artificial Intelligence*, S. 623–630, 2004.

[118] MORS, M.: *Bewegungssynthese an einem zweibeinigen, pneumatisch angetriebenen Laufdemonstrator unter Verwendung eines biologisch inspirierten Steuerungskonzeptes*. Diplomarbeit, Karlsruher Institut für Technologie (KIT), 2011.

[119] NAVARRO, X.; KRÜGER, T. B.; LAGO, N.; MICERA, S.; STIEGLITZ, T.; DARIO, P.: A Critical Review of Interfaces with the Peripheral Nervous System for the Control of Neuroprostheses and Hybrid Bionic Systems. *Journal of the Peripheral Nervous System* 10(3) (2005), S. 229–258.

[120] NELSON, M.; RINZEL, J.: *The book of GENESIS (2nd ed.): exploring realistic neural models with the GEneral NEural SImulation System*, Kap. Chapter 4: Hodgkin-Huxley Model, S. 29–50. New York, NY, USA: Springer-Verlag New York, Inc., 1998.

[121] OGURA, Y.; AIKAWA, H.; SHIMOMURA, K.; MORISHIMA, A.; LIM, H.; TAKANISHI, A.: Development of a New Humanoid Robot WABIAN-2. In: *Proc., IEEE International Conference on Robotics and Automation (ICRA)*, S. 76–81, 2006.

[122] OR, J.: A Hybrid CPG–ZMP Controller for the Real-Time Balance of a Simulated Flexible Spine Humanoid Robot. *IEEE Transactions on Systems, Man, and Cybernetics, Part C: Applications and Reviews* 39 (2009) 5, S. 547–561.

[123] ORENDURFF, M.; SEGAL, A.; KLUTE, G.; MCDOWELL, M.; PECORA-
RO, J.; CZERNIECKI, J.: Gait Efficiency using the C-Leg. *Journal of
Rehabilitation Research and Development* 43 (2006) 2, S. 239.

[124] OSSWALD, D.: MCA-Petri: Eine Petri-Netz-Implementierung Für
MCA2. Interner Bericht, Universität Karlsruhe, 2005.

[125] OSSWALD, D.; MARTIN, J.; BURGHART, C.; MIKUT, R.; WÖRN, H.;
BRETTHAUER, G.: Integrating a Robot Hand into the Control System of
a Humanoid Robot. *Robotics and Autonomous Systems* 48(4) (2004),
S. 213–221.

[126] OTT, C.; EIBERGER, O.; FRIEDL, W.; BAUML, B.; HILLENBRAND, U.;
BORST, C.; ALBU-SCHAFFER, A.; BRUNNER, B.; HIRSCHMULLER, H.;
KIELHOFER, S.; ET AL.: A humanoid two-arm system for dexterous
manipulation. In: *Humanoid Robots, 2006 6th IEEE-RAS International
Conference on*, S. 276–283, 2006.

[127] PAUL, R.: *Konzeption einer pneumatisch angetriebenen Wirbelsäule
und deren regelungstechnische Modellierung auf Basis inverser Pendel zur Stabilisierung des zweibeinigen Laufens eines humanoiden Roboters*. Diplomarbeit, Karlsruher Institut für Technologie (KIT), 2010.

[128] PAULSON, G.; GOTTLIEB, G.: Development Reflexes: The Reappea-
rance of Foetal and Neonatal Reflexes in Aged Patients. *Brain* XCI
(1991), S. 37–52.

[129] PEARSON, K.: Neural adaptation in the generation of rhythmic behavi-
or. *Annual review of physiology* 62 (2000) 1, S. 723–753.

[130] PETRI, C. A.: *Kommunikation mit Automaten*. Dissertation, Universität
Bonn, 1962.

[131] PFEIFFER, F.; LOFFLER, K.; GIENGER, M.: The Concept of Jogging
Johnnie. In: *Proc., IEEE International Conference on Robotics and Automation (ICRA)*, Bd. 3, S. 3129–3135, 2002.

[132] PRATS, M.; WIELAND, S.; ASFOUR, T.; DEL POBIL, A.; DILLMANN, R.: Compliant interaction in household environments by the Armar-III humanoid robot. In: *8th IEEE-RAS International Conference on Humanoid Robots*, S. 475–480, 2008.

[133] PROETZSCH, M.; LUKSCH, T.; BERNS, K.: Development of complex robotic systems using the behavior-based control architecture iB2C. *Robotics and Autonomous Systems* 58 (2010) 1, S. 46–67.

[134] RAIBERT, M.: Dynamic legged robots for rough terrain. In: *Humanoid Robots (Humanoids), 2010 10th IEEE-RAS International Conference on*, 2010.

[135] RAIBERT, M.; TELLO, E.: Legged Robots that Balance. *IEEE Expert* 1 (1986) 4, S. 89–89.

[136] REBELO, D.; AMMA, C.; GAMBOA, H.; SCHULTZ, T.: Human Activity Recognition for an Intelligent Knee Orthosis. In: *6th International Conference on Bio-inspired Systems and Signal Processing (BIOSIGNALS 2013)*, 2013.

[137] RIGHETTI, L.; IJSPEERT, A.: Design methodologies for central pattern generators: an application to crawling humanoids. In: *Proceedings of Robotics: Science and Systems*, S. 191–198, Philadelphia, USA, 2006.

[138] ROOS, L.; GUENTER, F.; GUIGNARD, A.; BILLARD, A.: Design of a Biomimetic Spine for the Humanoid Robot Robota. In: *Proc., IEEE/RAS-EMBS International Conference on Biomedical Robotics and Biomechatronics (BioRob)*, S. 329–334, 2006.

[139] ROSSIGNOL, S.; DUBUC, R.; GOSSARD, J.: Dynamic Sensorimotor Interactions in Locomotion. *Physiological Reviews* 86 (2006), S. 89–154.

[140] RYBAK, I.; SHEVTSOVA, N.; LAFRENIERE-ROULA, M.; MCCREA, D.: Modelling Spinal Circuitry Involved in Locomotor Pattern Generation: Insights from Deletions During Fictive Locomotion. *Journal of Physiology* 577 (2006), S. 641–658.

[141] RYBAK, I.; STECINA, K.; SHEVTSOVA, N.; MCCREA, D.: Modelling Spinal Circuitry Involved in Locomotor Pattern Generation: Insights from the Effects of Afferent Stimulation. *Journal of Physiology* 577 (2006), S. 641–658.

[142] SCHABLOWSKI-TRAUTMANN, M.: *Konzept zur Analyse der Lokomotion auf dem Laufband bei inkompletter Querschnittlähmung mit Verfahren der nichtlinearen Dynamik*. Dissertation, Universität Karlsruhe, Universitätsverlag Karlsruhe, 2006.

[143] SCHMIDT, R. F.; THEWS, G.; LANG, F. (Hg.): *Physiologie des Menschen*. Springer, 2005.

[144] SCHOTT, B.: Ganganalyse mit Gait-CAD. Techn. Ber., Karlsruher Institut für Technologie, 2011.

[145] SCHULZ, S.; BAUER, C.; GAISER, I.: Enhanced Flexible Fluidic Actuators for Biologically Inspired Lightweight Legged Robots with Inherent Compliance. In: *3rd French German Workshop on Humanoid & Legged Robots*, 2011.

[146] SCHULZ, S.; PYLATIUK, C.; BRETTHAUER, G.: A New Class of Flexible Fluidic Actuators and their Applications in Medical Engineering. *at - Automatisierungstechnik* 47(8) (1999), S. 390–395.

[147] SCHULZ, S.; PYLATIUK, C.; REISCHL, M.; MARTIN, J.; MIKUT, R.; BRETTHAUER, G.: A Lightweight Multifunctional Prosthetic Hand. *Robotica* 23(3) (2005), S. 293–299.

[148] SFB 588: Humanoid Robots - Learning and Cooperating Multimodal Robots
Collaborative Research Center of the German Research Foundation (DFG). http://www.sfb588.uni-karlsruhe.de, 2004.

[149] SHIMODA, S.; KIMURA, H.: Biomimetic Approach to Tacit Learning based on Compound Control. *IEEE Transactions on Systems, Man, and Cybernetics, Part B: Cybernetics* 40(1) (2010), S. 77–90.

[150] STEIN, T.; FISCHER, A.; BÖS, K.; WANK, V.; BOESNACH, I.; MOLDENHAUER, J.: Guidelines for Motion Control of Humanoid Robots: Analysis and Modelling of Human Movements. *International Journal of Computer Science in Sports* 5 (2006), S. 15–30.

[151] STEINGRUBE, S.; TIMME, M.; WÖRGÖTTER, F.; MANOONPONG, P.: Self-organized adaptation of a simple neural circuit enables complex robot behaviour. *Nature Physics* 6 (2010) 3, S. 224–230.

[152] SUP, F.; VAROL, H.; MITCHELL, J.; WITHROW, T.; GOLDFARB, M.: Self-contained Powered Knee and Ankle Prosthesis: Initial Evaluation on a Transfemoral Amputee. In: *Proc., IEEE International Conference on Rehabilitation Robotics (ICORR)*, S. 638–644, IEEE, 2009.

[153] TAGA, G.: A Model of the Neuro-musculo-skeletal System for Human Locomotion. *Biological Cybernetics* 73 (1995) 2, S. 97–111.

[154] TAGA, G.; ET AL.: Self-Organized Control of Bipedal Locomotion By Neural Oscillators In Unpredictable Environment. *Biological Cybernetics* 65 (1991) 3, S. 147–59.

[155] TOKIC, B.: *Untersuchung von Strategien zur Vereinfachung von modelladaptiven Regelungskonzepten bei humanoiden Robotern*. Diplomarbeit, Universität Karlsruhe (TH), 2007.

[156] VAN DER POL, B.: VII. Forced Oscillations in a Circuit with Non-linear Resistance (Reception with Reactive Triode). *Philosophical Magazine Series 7* 3 (1927) 13, S. 65–80.

[157] VUKOBRATOVIC, M.; BOROVAC, B.: Zero Moment Point - Thirty Five Years of its Life. *International Journal of Humanoid Robotics* 1(1) (2004), S. 157–173.

[158] WANG, M.; YU, J.; TAN, M.; ZHANG, J.: Multimodal swimming control of a robotic fish with pectoral fins using a CPG network. *Chinese Science Bulletin* 57 (2012) 10, S. 1209–1216.

[159] WEBER, W.: *Industrieroboter.* Fachbuchverl. Leipzig im Carl Hanser Verl., 2002.

[160] WIEBER, P.: On the Stability of Walking Systems. In: *Proc., International Workshop on Humanoid and Human Friendly Robotics*, 2002.

[161] WIESER, S.; DOMANOWSKY, K.: Greifreflex und Stellmechanismus beim Säugling. *Journal of Neurology* 175 (1957), S. 520–527.

[162] WINTER, D.; ET AL.: Concerning The Scientific Basis for The Diagnosis of Pathological Gaits and for Rehabilitation Protocols. *J Phys Ther* 37 (1985), S. 245–252.

[163] WOLF, S.; BRAATZ, F.; METAXIOTIS, D.; ARMBRUST, P.; DREHER, T.; DÖDERLEIN, L.; MIKUT, R.: Gait analysis may help to distinguish hereditary spastic paraplegia from cerebral palsy. *Gait & Posture* 33(4) (2011), S. 556–561.

[164] WOLF, S.; LOOSE, T.; SCHABLOWSKI, M.; DÖDERLEIN, L.; RUPP, R.; GERNER, H. J.; BRETTHAUER, G.; MIKUT, R.: Automated Feature Assessment in Instrumented Gait Analysis. *Gait & Posture* 23(3) (2006), S. 331–338.

[165] WOLF, S.; RUPP, R.; SCHABLOWSKI, M.; DÖDERLEIN, L.; LOOSE, T.; MIKUT, R.: Automated Classification and Rule Extraction from the Gait Pattern of CP-Gait. *Gait & Posture* 18, E2 (2003), S. 118.

[166] WOLLHERR, D.: Online Posture Correction for Humanoid Walking Robots. *at-Automatisierungstechnik* 54 (2006) 8, S. 396–404.

[167] YAKOVENKO, S.; GRITSENKO, V.; PROCHAZKA, A.: Contribution of stretch reflexes to locomotor control: a modeling study. *Biological cybernetics* 90 (2004) 2, S. 146–155.

[168] YAN, W.: *Nachbildung eines menschlichen Reflexbogens mittels künstlicher Neuronen Modelle.* Diplomarbeit, Karlsruher Institut für Technologie (KIT), 2009.

[169] YIGIT, S.; BURGHART, C.; WÖRN, H.: Applying Reflexes to Enhance Safe Human-Robot-Co-Operation with a Humanlike Robot Arm. *Proc., 35th International Symposium on Robotics* (2004).

[170] ZAFEIRIOU, D. I.: Primitive Reflexes and Postural Reactions in the Neurodevelopmental Examination. *Pediatric Neurology* 31 (2004), S. 1–8.

[171] ZIPES, A.: *Konzeption eines angetriebenen passiv-dynamischen Laufapparates auf Basis flexibler fluidischer Aktoren.* Diplomarbeit, Karlsruher Institut für Technologie (KIT), 2010.

Bereits veröffentlicht wurden in der Schriftenreihe des Instituts für
Angewandte Informatik / Automatisierungstechnik bei KIT Scientific Publishing

1 **BECK, S.**
Ein Konzept zur automatischen Lösung von Entscheidungsproblemen bei Unsicherheit
mittels der Theorie der unscharfen Mengen und der Evidenztheorie, 2005

2 **MARTIN, J.**
Ein Beitrag zur Integration von Sensoren in eine anthropomorphe künstliche Hand mit
flexiblen Fluidaktoren, 2004

3 **TRAICHEL, A.**
Neue Verfahren zur Modellierung nichtlinearer thermodynamischer Prozesse in einem
Druckbehälter mit siedendem Wasser-Dampf Gemisch bei negativen Drucktransienten, 2005

4 **LOOSE, T.**
Konzept für eine modellgestützte Diagnostik mittels Data Mining am Beispiel der
Bewegungsanalyse, 2004

5 **MATTHES, J.**
Eine neue Methode zur Quellenlokalisierung auf der Basis räumlich verteilter,
punktweiser Konzentrationsmessungen, 2004

6 **MIKUT, R.; Reischl, M.**
Proceedings – 14. Workshop Fuzzy-Systeme und Computational Intelligence
Dortmund, 10. - 12. November 2004, 2004

7 **ZIPSER, S.**
Beitrag zur modellbasierten Regelung von Verbrennungsprozessen, 2004

8 **STADLER, A.**
Ein Beitrag zur Ableitung regelbasierter Modelle aus Zeitreihen, 2005

9 **MIKUT, R.; REISCHL, M.**
Proceedings – 15. Workshop Computational Intelligence
Dortmund, 16. - 18. November 2005, 2005

10 **BÄR, M.**
µFEMOS – Mikro-Fertigungstechniken für hybride mikrooptische Sensoren, 2005

11 **SCHAUDEL, F.**
Entropie- und Störungssensitivität als neues Kriterium zum Vergleich
verschiedener Entscheidungskalküle, 2006

12 **SCHABLOWSKI-TRAUTMANN, M.**
Konzept zur Analyse der Lokomotion auf dem Laufband bei inkompletter
Querschnittlähmung mit Verfahren der nichtlinearen Dynamik, 2006

13 **REISCHL, M.**
Ein Verfahren zum automatischen Entwurf von Mensch-Maschine-Schnittstellen
am Beispiel myoelektrischer Handprothesen, 2006

14 **KOKER, T.**
Konzeption und Realisierung einer neuen Prozesskette zur Integration von
Kohlenstoff-Nanoröhren über Handhabung in technische Anwendungen, 2007

15 **MIKUT, R.; REISCHL, M.**
Proceedings – 16. Workshop Computational Intelligence
Dortmund, 29. November - 1. Dezember 2006

16 **LI, S.**
Entwicklung eines Verfahrens zur Automatisierung der CAD/CAM-Kette
in der Einzelfertigung am Beispiel von Mauerwerksteinen, 2007

17 **BERGEMANN, M.**
Neues mechatronisches System für die Wiederherstellung der
Akkommodationsfähigkeit des menschlichen Auges, 2007

18 **HEINTZ, R.**
Neues Verfahren zur invarianten Objekterkennung und -lokalisierung
auf der Basis lokaler Merkmale, 2007

19 **RUCHTER, M.**
A New Concept for Mobile Environmental Education, 2007

20 **MIKUT, R.; Reischl, M.**
Proceedings – 17. Workshop Computational Intelligence
Dortmund, 5. - 7. Dezember 2007

21 **LEHMANN, A.**
Neues Konzept zur Planung, Ausführung und Überwachung von
Roboteraufgaben mit hierarchischen Petri-Netzen, 2008

22 **MIKUT, R.**
Data Mining in der Medizin und Medizintechnik, 2008

23 **KLINK, S.**
Neues System zur Erfassung des Akkommodationsbedarfs im menschlichen Auge, 2008

24 **MIKUT, R.; REISCHL, M.**
Proceedings – 18. Workshop Computational Intelligence
Dortmund, 3. - 5. Dezember 2008

25 **WANG, L.**
Virtual environments for grid computing, 2009

26 **BURMEISTER, O.**
Entwicklung von Klassifikatoren zur Analyse und Interpretation zeitvarianter
Signale und deren Anwendung auf Biosignale, 2009

27 **DICKERHOF, M.**
Ein neues Konzept für das bedarfsgerechte Informations- und Wissensmanagement
in Unternehmenskooperationen der Multimaterial-Mikrosystemtechnik, 2009

28 **MACK, G.**
Eine neue Methodik zur modellbasierten Bestimmung dynamischer Betriebslasten
im mechatronischen Fahrwerkentwicklungsprozess, 2009

29 **HOFFMANN, F.; HÜLLERMEIER, E.**
Proceedings – 19. Workshop Computational
Intelligence Dortmund, 2. - 4. Dezember 2009

30 **GRAUER, M.**
Neue Methodik zur Planung globaler Produktionsverbünde unter BerücKsichtigung
der Einflussgrößen Produktdesign, Prozessgestaltung und Standortentscheidung, 2009

31 **SCHINDLER, A.**
Neue Konzeption und erstmalige Realisierung eines aktiven Fahrwerks mit
Preview-Strategie, 2009

32 **BLUME, C.; JAKOB, W.**
GLEAN. General Learning Evolutionary Algorithm and Method
Ein Evolutionärer Algorithmus und seine Anwendungen, 2009

33 **HOFFMANN, F.; HÜLLERMEIER, E.**
Proceedings – 20. Workshop Computational
Intelligence Dortmund, 1. - 3. Dezember 2010

34 **WERLING, M.**
Ein neues Konzept für die Trajektoriengenerierung und -stabilisierung in
zeitkritischen Verkehrsszenarien, 2011

35 **KÖVARI, L.**
Konzeption und Realisierung eines neuen Systems zur produktbegleitenden
virtuellen Inbetriebnahme komplexer Förderanlagen, 2011

36 **GSPANN, T. S.**
Ein neues Konzept für die Anwendung von einwandigen Kohlenstoff-
nanoröhren für die pH-Sensorik, 2011

37 **LUTZ, R.**
Neues Konzept zur 2D- und 3D-Visualisierung kontinuierlicher,
multidimensionaler, meteorologischer Satellitendaten, 2011

38 **BOLL, M.-T.**
Ein neues Konzept zur automatisierten Bewertung von Fertigkeiten in der minimal
invasiven Chirurgie für Virtual Reality Simulatoren in Grid-Umgebungen, 2011

39 **GRUBE, M.**
Ein neues Konzept zur Diagnose elektrochemischer Sensoren
am Beispiel von pH-Glaselektroden, 2011

40 **HOFFMANN, F.; Hüllermeier, E.**
Proceedings – 21. Workshop Computational Intelligence
Dortmund, 1. - 2. Dezember 2011

41   KAUFMANN, M.
Ein Beitrag zur Informationsverarbeitung in mechatronischen Systemen, 2012

42   NAGEL, J.
Neues Konzept für die bedarfsgerechte Energieversorgung
des Künstlichen Akkommodationssystems, 2012

43   RHEINSCHMITT, L.
Erstmaliger Gesamtentwurf und Realisierung der Systemintegration
für das Künstliche Akkommodationssystem, 2012

44   BRÜCKNER, B. W.
Neue Methodik zur Modellierung und zum Entwurf keramischer Aktorelemente, 2012

45   HOFFMANN, F.; Hüllermeier, E.
Proceedings – 22. Workshop Computational
Intelligence Dortmund, 6. - 7. Dezember 2012

46   HOFFMANN, F.; Hüllermeier, E.
Proceedings – 23. Workshop Computational
Intelligence Dortmund, 5. - 6. Dezember 2013

47   SCHILL, O.
Konzept zur automatisierten Anpassung der neuronalen Schnittstellen
bei nichtinvasiven Neuroprothesen, 2014

48   BAUER, C.
Neues Konzept zur Bewegungsanalyse und -synthese für Humanoide
Roboter basierend auf Vorbildern aus der Biologie, 2014

Die Schriften sind als PDF frei verfügbar, eine Nachbestellung der Printversion ist möglich.
Nähere Informationen unter www.ksp.kit.edu.